高等职业教育校企深度融合系列教材

工业机器人入门
（第2版）

总主编　谭立新
主　编　潘建新　曹　瑜
副主编　赵杰明　彭梁栋
　　　　张玉希　罗洪杰

北京理工大学出版社
BEIJING INSTITUTE OF TECHNOLOGY PRESS

内 容 简 介

本书共分7章，首先对工业机器人的现状与行情做了简单介绍，然后进入工业机器人领域中的学习，包括工业机器人的基本特性、工业机器人的机械结构、工业机器人的传感器及应用、工业机器人的坐标系，最后介绍了工业机器人的行业应用及其应用安全和安装/维护常用工具等相关内容。

本书适合高等职业院校、中等职业院校工业机器人、自动化等相关专业学生作为教材使用，也适合工程技术人员作为参考书使用。

版权专有　侵权必究

图书在版编目（CIP）数据

工业机器人入门 / 潘建新，曹瑜主编． -- 2版． -- 北京：北京理工大学出版社，2021.9（2022.1重印）
　ISBN 978 - 7 - 5763 - 0430 - 5

Ⅰ．①工… Ⅱ．①潘… ②曹… Ⅲ．①工业机器人 - 高等职业教育 - 教材 Ⅳ．①TP242.2

中国版本图书馆 CIP 数据核字（2021）第200088号

出版发行 / 北京理工大学出版社有限责任公司
社　　址 / 北京市海淀区中关村南大街5号
邮　　编 / 100081
电　　话 /（010）68914775（总编室）
　　　　　（010）82562903（教材售后服务热线）
　　　　　（010）68944723（其他图书服务热线）
网　　址 / http：//www.bitpress.com.cn
经　　销 / 全国各地新华书店
印　　刷 / 涿州市新华印刷有限公司
开　　本 / 787毫米×1092毫米　1/16
印　　张 / 10　　　　　　　　　　　　　　　　责任编辑 / 陈莉华
字　　数 / 202千字　　　　　　　　　　　　　　文案编辑 / 陈莉华
版　　次 / 2021年9月第2版　2022年1月第2次印刷　责任校对 / 刘亚男
定　　价 / 35.00元　　　　　　　　　　　　　　责任印制 / 施胜娟

图书出现印装质量问题，请拨打售后服务热线，本社负责调换

总 序

2017年3月，北京理工大学出版社首次出版了工业机器人技术系列教材，该系列教材是全国工业和信息化职业教育教学指导委员会研究课题《系统论视野下的工业机器人技术专业标准与课程体系开发》的核心成果，其针对工业机器人本身特点、产业发展与应用需求，以及高职高专工业机器人技术专业的教材在产业链定位不准、没有形成独立体系、与实践联系不紧密、教材体例不符合工程项目的实际特点等问题，提出运用系统论基本观点和控制论的基本方法，在系统全面调研分析工业机器人全产业链基础上，提出了工业机器人产业链、人才链、教育链及创新链"四链"融合的新理论，引导高职高专工业机器人技术建设专业标准及开发教材体系，在教材定位、体系构建、材料组织、教材体例、工程项目运用等方面形成了自己的特色与创新，并在信息技术应用与教学资源开发上做了一定的探索。主要体现在：

一是面向工业机器人系统集成商的教材体系定位。主体面向工业机器人系统集成商，主要面向工业机器人集成应用设计、工业机器人操作与编程、工业机器人集成系统装调与维护、工业机器人及集成系统销售与客服五类岗位，兼顾智能制造自动化生产线设计开发、装配调试、管理与维护等。

二是工业应用系统集成核心技术的教材体系构建。以工业机器人系统集成商的工作实践为主线构建，以工业机器人系统集成的工作流程（工序）为主线构建专业核心课程与教材体系，以学习专业核心课程所必需的知识和技能为依据构建专业支撑课程；以学生职业生涯发展为依据构建公共文化课程的教材体系。

三是基于"项目导向、任务驱动"的教学材料组织。以项目导向、任务驱动进行教学材料组织，整套教材体系是一个大的项目——工业机器人系统集成，每本教材是一个二级项目（大项目的一个核心环节），而每本教材中的项目又是二级项目中一个子项（三级项目），三级项目由一系列有逻辑关系的任务组成。

四是基于工程项目过程与结果需求的教材编写体例。以"项目描述、学习目标、知识准备、任务实现、考核评价、拓展提高"六个环节为全新的教材编写体例，全面系统体现工业机器人应用系统集成工程项目的过程与结果需求及学习规律。

该教材体系统解决了现行工业机器人教材理论与实践脱节的问题，该教材体系以实践为主线展开，按照项目、产品或工作过程展开，打破或不拘泥于知识体系，将各科知识融入项目或产品制作过程中，实现了"知行合一""教学做合一"，让学生学会运用已知的知识和已经掌握的技能，去学习未知的专业知识和掌握未知的专业技能，解决未知的生产实际问题，符合教学规律、学生专业成长成才规律和企业生产实践规律，实现了人类认识自然的本原方式的回归。经过四年多的应用，目前全国使用该教材体系的学校已超过140所，用量超过十万多册，以高职院校为主体，包括应用本科、技师学院、技工院校、中职学校及企业岗前培训等机构，其中《工业机器人操作与编程（KUKA）》获"十三五"职业教育国家规划教材和湖南省职业院校优秀教材等荣誉。

随着工业机器人自身理论与技术的不断发展、其应用领域的不断拓展及细分领域的深化、智能制造对工业机器人技术要求的不断提高，工业机器人也在不断向环境智能化、控制精细化、应用协同化、操作友好化提升。随着"00"后日益成为工业机器人技术的学习使用与设计开发主体，对个性化的需求提出了更高的要求。因此，在保持原有优势与特色的基础上，如何与时俱进，对该教材体系进行修订完善与系统优化成为第2版的核心工作。

本次修订完善与系统优化主要从以下四个方面进行：

一是基于工业机器人应用三个标准对接的内容优化。实现了工业机器人技术专业建设标准、产业行业生产标准及技能鉴定标准（含工业机器人技术"1＋X"的技能标准）三个标准的对接，对工业机器人专业课程体系进行完善与升级，从而完成对工业机器人技术专业课程配套教材体系与教材及其教学资源的完善、升级、优化等；增设了《工业机器人电气控制与应用》教材，将原体系下《工业机器人典型应用》重新优化为《工业机器人系统集成》，突出应用性与针对性及与标准名称的一致性。

二是基于新兴应用与细分领域的项目优化。针对工业机器人应用系统集成在近五年工业机器人技术新兴应用领域与细分领域的新理论、新技术、新项目、新应用、新要求、新工艺等对原有项目进行了系统性、针对性的优化，对新的应用领域的工艺与技术进行了全面的完善，特别是在工业机器人应用智能化方面进一步针对应用领域加强了人工智能、工业互联网技术、实时监控与过程控制技术等智能技术内容的引入。

三是基于马克思主义哲学观与方法论的育人强化。新时代人才培养对教材及其体系建设提出了新要求，工业机器人技术专业的职业院校教材体系要全面突出"为党育人、为国育才"的总要求，强化课程思政元素的挖掘与应用，在第2版教材修订过程中充分体现与融合运用马克思主义基本观点与方法论及"专注、专心、专一、精益求精"的工匠精神。

四是基于因材施教与个性化学习的信息智能技术融合。针对新兴应用技术及细分领域及传统工业机器人持续应用领域，充分研究高职学生整体特点，在配套课程教学资源开发方面进行了优化与定制化开发，针对性开发了项目实操案例式MOOC等配套教学资源，教学案例丰富，可拓展性强，并可针对学生实践与学习的个性化情况，实现智能化推送学习建议。

因工业机器人是典型的光、机、电、软件等高度一体化产品，其制造与应用技术涉及机械设计与制造、电子技术、传感器技术、视觉技术、计算机技术、控制技术、通信技术、人工智能、工业互联网技术等诸多领域，其应用领域不断拓展与深化，技术不断发展与进步。本教材体系在修订完善与优化过程中肯定存在一些不足，特别是通用性与专用性的平衡、典型性与普遍性的取舍、先进性与传统性的综合、未来与当下、理论与实践等各方面的思考与运用不一定是全面的、系统的。希望各位同仁在应用过程中随时提出批评与指导意见，以便在第3版修订中进一步完善。

谭立新

2021年8月11日于湘江之滨听雨轩

前言

经常有人问：工业机器人品牌种类那么多，我要从哪个品牌学起？学习工业机器人要怎么入门？除了工业机器人本身要学习，还要学习哪些知识？

编者以自身所了解的内容，进行以下解答，如有不足，请读者包涵。

(1) 工业机器人品牌种类那么多，我要从哪个品牌学起？

工业机器人的常见品牌有：ABB、FANUC、KUKA、安川、爱普生、川崎、那智不二越、新松、埃夫特、埃斯顿、众为兴、新时达等，工业机器人品牌按区域可分为欧系、日系、国产。工业机器人品牌四大家市场占有率排名顺序为：FANUC、ABB、安川、KUKA。工业机器人系统操作与地域一致，欧系的品牌在系统操作方面类似，日系的也一样。所以，综上考虑，建议有条件的，可以同时学习FANUC、ABB这两个品牌的工业机器人。

(2) 学习工业机器人要怎么入门？除了工业机器人本身要学习，还要学习哪些知识？

工业机器人的相关知识是一个综合学科，涉及机械、电子、软件、视觉等多方面，入门步骤如下：

❖ 从学习工业机器人仿真软件入手，在仿真软件中初步了解工业机器人本体结构、示教操作、程序编程。

❖ 学习工业机器人技术体系建设，这能决定个人工作能力。技术体系有两个方向，即机械方向和电气方向。在机械方向，要学习通用机械标准件、电机、气动部分选型；要学习一些通用的二维、三维制图建模软件，如AutoCAD、Solidworks、Catia等，用于夹具设计、机构方案设计仿真。在电气方向，要学习电气基础、电气元器件选型、电气原理图设计、PLC编程、工业通信、工业软件编程。

❖ 最核心的部分就是掌握工艺解决方案，这能决定企业竞争力。工业机器人是工业自动化的体现，工业自动化最核心的部分就是用自动化方式替代传统加工工艺。根据目前情况而言，工业机器人应用领域一般是恶劣的工业环境，读者要了解喷涂、打磨、焊接、码垛、视觉检测工艺。

本书主要对工业机器人的现状与行情先做简单介绍，从解码器开始进入工业机器人领域中的介绍，如工业机器人的基本特性、工业机器人的机械结构、工业机器人的传感器及应用、工业机器人的坐标系等，最后介绍了工业机器人的行业应用及其应用安全和安装/维护常用工具等相关内容。

本书由潘建新、曹瑜担任主编，赵杰明、彭梁栋、张玉希、罗洪杰担任副主编。谭立新教授作为整套工业机器人系列丛书的总主编，对整套图书的大纲进行了多次审定、修改，使其在符合实际工作需要的同时，便于教师授课使用。

在丛书的策划、编写过程中，湖南省电子学会提供了宝贵的意见和建议，在此表示诚挚的感谢。同时感谢为本书中实践操作及视频录制提供大力支持的湖南科瑞特科技股份有限公司。

尽管编者主观上想努力使读者满意，但在书中不可避免尚有不足之处，欢迎读者提出宝贵建议。

编　者

目录

第1章　绪论 ·· 1

1.1　工业机器人的应用、发展和分类 ·· 1

　1.1.1　发展简史 ··· 1

　1.1.2　产品分类与应用 ·· 4

　1.1.3　主要生产企业 ··· 9

1.2　工业机器人展望 ·· 11

　1.2.1　机器人技术和市场的现状 ·· 11

　1.2.2　世界机器人发展现状 ·· 12

　1.2.3　国内机器人发展现状 ·· 12

　1.2.4　机器人技术的发展趋势 ··· 13

　1.2.5　各国的机器人发展计划 ··· 15

第2章　工业机器人的基本特性 ··· 19

2.1　工业机器人的组成 ··· 19

　2.1.1　工业机器人及系统 ··· 19

　2.1.2　常用的附件 ·· 21

　2.1.3　电气控制系统 ··· 23

2.2　工业机器人的特点 ··· 25

　2.2.1　基本特点 ··· 25

　2.2.2　工业机器人与数控机床 ··· 26

　2.2.3　工业机器人与机械手 ·· 30

2.3　工业机器人的结构形态 ··· 31

　2.3.1　垂直串联型 ·· 31

　2.3.2　水平串联型 ·· 33

　2.3.3　并联型 ·· 34

2.4 工业机器人的技术性能 ································ 36
2.4.1 主要技术参数 ································ 36
2.4.2 自由度 ································ 39
2.4.3 工作范围 ································ 41
2.4.4 其他指标 ································ 43

第3章 工业机器人的机械结构 ································ 46
3.1 本体的结构形式 ································ 46
3.1.1 基本结构与特点 ································ 46
3.1.2 其他常见结构 ································ 48
3.1.3 埃夫特 ER3A – C60 本体分析以及传动方式介绍 ································ 50
3.2 ER3A – C60 工业机器人机身结构及拆卸分析 ································ 54
3.2.1 拆卸分析 ································ 54
3.2.2 总体分拆 ································ 55
3.2.3 大臂 – 底座分拆 ································ 57
3.2.4 小臂 – 手腕分拆 ································ 62
3.3 ER3A – C60 控制柜结构 ································ 65
3.3.1 控制柜系统 ································ 65
3.3.2 EFORT – C60 系列机器人示教器的介绍 ································ 67
3.4 其他典型结构 ································ 74
3.4.1 RRR/BRR 手腕结构 ································ 74
3.4.2 前驱 SCARA 结构 ································ 76
3.4.3 后驱 SCARA 结构 ································ 78

第4章 工业机器人的传感器及应用 ································ 80
4.1 机器人传感器概述 ································ 80
4.1.1 机器人传感器的特点与分类 ································ 80
4.1.2 工业机器人应用传感器注意事项 ································ 81
4.2 工业机器人内部传感器 ································ 82
4.2.1 位移位置传感器 ································ 83
4.2.2 速度和加速度传感器 ································ 85
4.3 工业机器人外部传感器 ································ 86
4.3.1 触觉传感器 ································ 86
4.3.2 力觉传感器 ································ 89
4.3.3 距离传感器 ································ 90
4.3.4 其他外传感器 ································ 90
4.3.5 传感器融合 ································ 90
4.4 机器人视觉装置 ································ 91

4.4.1 视觉系统基础介绍 ... 91
4.4.2 工业相机系统 ... 94
4.4.3 智能相机系统 ... 95
4.4.4 激光雷达 ... 96
4.5 工业机器人传感器的应用 ... 98
4.5.1 二维视觉传感器在工业机器人项目中的应用 ... 98
4.5.2 三维视觉传感器在工业机器人项目中的应用 ... 98
4.5.3 力/力矩传感器在工业机器人项目中的应用 ... 99
4.5.4 碰撞检测传感器在工业机器人项目中的应用 ... 99
4.5.5 安全传感器的应用 ... 99
4.5.6 零件检测传感器的应用 ... 100
4.5.7 其他传感器的应用 ... 100

第5章 工业机器人的坐标系 ... 102
5.1 关节坐标系 ... 102
5.2 世界坐标系 ... 103
5.3 基坐标系 ... 103
5.4 工件坐标系 ... 104
5.5 工具坐标系 ... 106
5.5.1 工具坐标系简介 ... 106
5.5.2 标定工具坐标系的方法 ... 106
5.5.3 4点法标定工具坐标举例 ... 107

第6章 工业机器人的应用 ... 110
6.1 应用工业机器人必须考虑的因素 ... 110
6.1.1 机器人的任务估计 ... 110
6.1.2 应用机器人的三要素 ... 111
6.1.3 使用机器人的经验准则 ... 112
6.1.4 应用机器人的步骤 ... 112
6.2 工业机器人的应用领域 ... 113
6.2.1 汽车行业 ... 113
6.2.2 电子3C行业 ... 114
6.2.3 食品加工行业 ... 114
6.2.4 其他行业 ... 115
6.3 工业机器人应用综合案例 ... 120
6.3.1 EFORT-C60系列机器人完成冲压上下料任务 ... 120
6.3.2 EFORT-C60系列机器人完成搬运码垛任务 ... 127
6.3.3 焊接机器人系统及应用 ... 132

6.3.4　喷涂机器人系统的组成及应用 ………………………………………… 138

第7章　工业机器人应用安全和安装/维护常用工具 …………………………… 142
7.1　安全准备工作 …………………………………………………………………… 142
　　7.1.1　了解工业机器人系统中存在的安全风险 ……………………………… 142
　　7.1.2　工业机器人操作与运维前的安全准备工作 …………………………… 143
7.2　安全标识 ………………………………………………………………………… 144
　　7.2.1　识读工业机器人安全标识 ……………………………………………… 144
　　7.2.2　工业机器人安全操作要求 ……………………………………………… 144
　　7.2.3　工业机器人本体的安全对策 …………………………………………… 145
7.3　常用工具的认识 ………………………………………………………………… 146
　　7.3.1　机械拆装工具 …………………………………………………………… 146
　　7.3.2　常用机械测量工具 ……………………………………………………… 147
　　7.3.3　常用电气测量工具 ……………………………………………………… 149

第1章

绪　　论

1.1　工业机器人的应用、发展和分类

1.1.1　发展简史

工业机器人定义：工业机器人是面向工业领域的多关节机械手或多自由度的机器装置，它能自动执行工作，是靠自身动力和控制能力来实现各种功能的一种机器。它可以接受人类指挥，也可以按照预先编排的程序运行，现代的工业机器人还可以根据人工智能技术制定的原则纲领行动。图1-1所示为ABB YUMI机器人。

1954年，乔治·迪沃申请了第一个机器人的专利（1961年授予）。制作机器人的第一家公司是Unimation。Unimation机器人也被称为可编程移机，因为一开始它们的主要用途是从一个点传递对象到另一个点，距离大约十英尺①。它们用液压执行机构，并编入关节坐标，即在一个教学阶段进行存储和回放操作中的各关节的角度。它们能精确到一英寸②的1/10 000。Unimation后授权其技术给川崎重工和GKN，分别在日本和英国制造Unimate。一段时间以来，Unimation唯一的竞争对手是美国辛辛那提米拉克龙公司。20世纪70年代后期，日本的几个大财团开始生产类似的工业机器人。

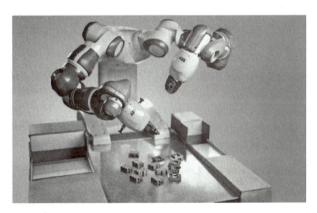

图1-1　ABB YUMI机器人

---

① 1英尺=0.304 8米。
② 1英寸=2.54厘米。

1969 年，维克多·沙因曼在斯坦福大学发明了"斯坦福大学的手臂"，它是全电动的 6 轴多关节型机器人，是一个手臂的解决方案。这使它能精确地跟踪空间中的任意路径，拓宽了机器人潜在的更复杂的应用，如装配和焊接。沙因曼的 MIT 人工智能实验室则设计了第二臂，被称为"麻省理工学院的手臂"。进一步设计后，它成为通用汽车公司装配工具。

现代机器人的研究始于 20 世纪中期，其技术背景是计算机和自动化的发展，以及原子能的开发利用。

自 1946 年第一台数字电子计算机问世以来，计算机技术取得了惊人的进步，向高速度、大容量、低价格的方向发展。

大批量生产的迫切需求推动了自动化技术的进展，其结果之一便是 1952 年数控机床的诞生。与数控机床相关的控制、机械零件的研究又为机器人的开发奠定了基础。

另外，原子能实验室的恶劣环境要求某些操作由机械代替人处理放射性物质。在这一需求背景下，美国原子能委员会的阿尔贡研究所于 1947 年开发了遥控机械手，1948 年又开发了机械式的主从机械手。

1954 年美国戴沃尔最早提出了工业机器人的概念，并申请了专利。该专利的要点是借助伺服技术控制机器人的关节，利用人手对机器人进行动作示教，机器人能实现动作的记录和再现。这就是所谓的示教再现机器人。现有的机器人差不多都采用这种控制方式。

作为机器人产品最早的实用机型（示教再现）是 1962 年美国 AMF 公司推出的 VER-STRAN 和 Unimation 公司推出的 Unimate。这些工业机器人的控制方式与数控机床大致相似，但外形特征迥异，主要由类似人的手和臂组成。

1965 年，MIT 的 Roberts 演示了第一个具有视觉传感器的、能识别与定位简单积木的机器人系统。

1967 年，日本成立了人工手研究会（现改名为仿生机构研究会），同年召开了日本首届机器人学术会。

1970 年在美国召开了第一届国际工业机器人学术会议。1970 年以后，机器人的研究得到迅速广泛的普及。

1973 年，辛辛那提米拉克龙公司的理查德·豪恩制造了第一台由小型计算机控制的工业机器人，它是液压驱动的，能提升的有效负载达 45 千克。

到了 1980 年，工业机器人才真正在日本普及，故称该年为"机器人元年"。

随后，工业机器人在日本得到了巨大发展，日本也因此而赢得了"机器人王国"的美称。

据联合国欧洲经济委员会（UNECE）和国际机器人联合会（IFR）的统计，至 2003 年年末，在美国运行的机器人总量为 112 400 套，比 2002 年增长 7%。到 2007 年年底，运行的机器人数量达到 145 000 套。就每万雇员拥有工业机器人数进行统计，至 2003 年年末，美国制造业中，每 1 万雇员拥有 63 个工业机器人。尽管从排名上说，美国已经进入世界前十名，但其与前几名仍然有着很大的差距，仅相当于德国的 43%，意大利的 54%，欧盟的

68%。与普通的制造业相比，美国汽车工业中每万个产业工人拥有的工业机器人数量大大提高，达到740个，但仍然远远低于日本（1 400个机器人）、意大利（1 400个机器人）和德国（1 000个机器人）。

美国是机器人的诞生地。早在1962年就研制出世界上第一台工业机器人。比起号称"机器人王国"的日本起步至少要早五六年。经过50多年的发展，美国现已成为世界上的机器人强国之一，基础雄厚，技术先进。综观它的发展史，道路是曲折的，不平坦的。

20世纪60年代到70年代期间，美国的工业机器人主要立足于研究阶段，只是几所大学和少数公司开展了相关的研究工作。那时，美国政府并未把工业机器人列入重点发展项目，特别是，美国当时失业率高达6.65%，政府担心发展机器人会造成更多人失业，因此既未投入财政支持，也未组织研制机器人。而企业在这样的政策引导下，也不愿冒风险，去应用或制造机器人，致使错过了发展良机，固守在使用刚性自动化装置的层面上。这不能不说是美国政府的战略决策错误。70年代后期，美国政府和企业界虽对工业机器人的制造和应用认识有所改变，但仍将技术路线的重点放在研究机器人软件及军事、宇宙、海洋、核工程等特殊领域的高级机器人的开发上，致使日本的工业机器人后来居上，并在工业生产的应用上及机器人制造业上很快超过了美国，其产品在国际市场上形成了较强的竞争力。

进入20世纪80年代之后，美国才感到形势紧迫，政府和企业界才开始真正重视机器人，制定和采取了相应的政策和措施，一方面鼓励工业界发展和应用机器人，另一方面制订计划、提高投资，增加机器人的研究经费，把机器人看成美国再次工业化的特征，使美国的机器人迅速发展。80年代中后期，随着各大厂家应用机器人的技术日臻成熟，第一代机器人的技术性能越来越满足不了实际需要。美国开始生产带有视觉、力觉的第二代机器人，并很快占领了美国60%的机器人市场。

工业机器人在日本的发展：与此同时，20世纪70年代的日本正面临着严重的劳动力短缺，这个问题已成为制约其经济发展的一个主要问题。毫无疑问，在美国诞生并已投入生产的工业机器人给日本带来了福音。1967年日本川崎重工业公司首先从美国引进机器人及技术，建立生产厂房，并于1968年试制出第一台日本产Unimate机器人。经过短暂的摇篮阶段，日本的工业机器人很快进入实用阶段，并由汽车业逐步扩大到其他制造业以及非制造业。1980年被称为日本的"机器人普及元年"，日本开始在各个领域推广使用机器人，这大大缓解了市场劳动力严重短缺的社会矛盾。再加上日本政府采取的多方面鼓励政策，这些机器人受到了广大企业的欢迎。1980—1990年，日本的工业机器人处于鼎盛时期，后来国际市场曾一度转向欧洲和北美，但日本经过短暂的低迷期又恢复其昔日的辉煌。1993年年末，全世界安装的工业机器人有61万台，其中日本占60%、美国占8%、欧洲占17%、俄罗斯和东欧共占12%。

德国工业机器人的数量占世界第三，仅次于日本和美国，其智能机器人的研究和应用在世界上处于领先地位。目前在普及第一代工业机器人的基础上,第二代工业机器人经推广应用成为主流安装机型,而第三代智能机器人已占有一定比重并成为发展的方向。世界上的机器人供应商分为日系和欧系。瑞典的 ABB 公司是世界上最大机器人制造公司之一。1974 年研发了世界上第一台全电控式工业机器人 IRB6,主要应用于工件的取放和物料搬运。1975 年生产出第一台焊接机器人。到 1980 年兼并 Trallfa 喷漆机器人公司后,其机器人产品趋于完备。ABB 公司制造的工业机器人广泛应用在焊接、装配铸造、密封涂胶、材料处理、包装、喷漆、水切割等领域。德国的 KUKA Roboter Gmbh 公司是世界上几家顶级工业机器人制造商之一,1973 年研制开发了 KUKA 的第一台工业机器人,年产量达到 1 万台左右。其所生产的机器人广泛应用在仪器、汽车、航天、食品、制药、医学、铸造、塑料等工业,主要用于材料处理、机床装备、包装、堆垛、焊接、表面修整等领域。

我国工业机器人起步于 20 世纪 70 年代初,其发展过程大致可分为三个阶段:70 年代的萌芽期;80 年代的开发期;90 年代的实用化期。经过几十年的发展如今已经初具规模。目前我国已生产出部分机器人关键元器件,开发出弧焊、点焊、码垛、装配、搬运、注塑、冲压、喷漆等工业机器人。一批国产工业机器人已服务于国内诸多企业的生产线上;一批机器人技术的研究人才也涌现出来。一些相关科研机构和企业已掌握了工业机器人操作机的优化设计制造技术,工业机器人控制、驱动系统的硬件设计技术,机器人软件的设计和编程技术,运动学和轨迹规划技术,弧焊、点焊及大型机器人自动生产线与周边配套设备的开发和制备技术,等等。某些关键技术已达到或接近世界水平。

1.1.2 产品分类与应用

关于工业机器人的分类,国际上没有制定统一的标准,可按负载重量、控制方式、自由度、结构、应用领域等划分。

1. 按机器人的技术等级划分

(1) 示教再现机器人:第一代工业机器人能够按照人类预先示教的轨迹、行为、顺序和速度重复作业,示教可由操作员手把手进行或通过示教器完成。如图 1-2 所示。

(2) 感知机器人:第二代工业机器人具有环境感知装置,能在一定程度上适应环境的变化,目前已经进入应用阶段。如图 1-3 所示。

(3) 智能机器人:第三代工业机器人具有发现问题并自主解决问题的能力,尚处于实验研究阶段。如图 1-4 所示。

到目前为止,在世界范围内还没有一个统一的智能机器人定义。大多数专家认为智能机器人至少要具备以下三个要素:

(a) (b)

图 1-2 示教再现机器人

(a) 手把手示教机器人；(b) 示教器示教机器人

(a) (b)

图 1-3 感知机器人

(a) 配备视觉系统的工业机器人；(b) 人机协作工业机器人

① 感觉要素，用来认识周围环境状态。
② 运动要素，对外界做出反应性动作。
③ 思考要素，根据感觉要素所得到的信息，思考出采用什么样的动作。

2. 按机器人的结构坐标系特征划分

按机器人结构坐标系特征，可将工业机器人分为以下 4 种（见图 1-5）：

 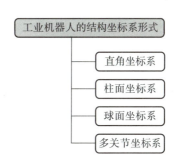

图 1-4 本田 ASIMO 智能机器人　　图 1-5 工业机器人结构坐标系形式

- 直角坐标系机器人：通过沿 3 个互相垂直的轴线的移动来实现机器人手部空间位置的改变。
- 柱面坐标系机器人：通过两个移动和一个转动实现位置的改变。
- 球面坐标系机器人：运动由一个直线运动和两个转动组成。
- 多关节坐标系机器人：运动由前后的俯仰及立柱的回转组成。

(1) 直角坐标系机器人。

直角坐标系机器人具有空间上相互垂直的多个直线移动轴，通过直角坐标方向的 3 个独立自由度确定其手部的空间位置，其动作空间为一长方体。如图 1-6 所示。

图 1-6　直角坐标系机器人
(a) 模型；(b) 实体

(2) 柱面坐标系机器人。

柱面坐标系机器人主要由旋转基座、垂直移动和水平移动轴构成，具有一个回转和两个平移自由度，其动作空间呈圆柱形。如图 1-7 所示。

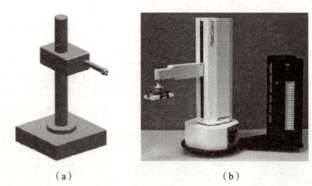

图 1-7　柱面坐标系机器人
(a) 模型；(b) 实体

(3) 球面坐标系机器人。

球面坐标系机器人的空间位置分别由旋转、摆动和平移 3 个自由度确定，动作空间形成球面的一部分。如图 1-8 所示。

图 1-8 球面坐标系机器人

(a) 模型；(b) 实体

（4）多关节坐标系机器人。

垂直多关节坐标系机器人模拟人手臂功能，由垂直于地面的腰部旋转轴、带动小臂旋转的肘部旋转轴以及小臂前端的手腕等组成，手腕通常有 2~3 个自由度，其动作空间近似一个球体。如图 1-9 所示。

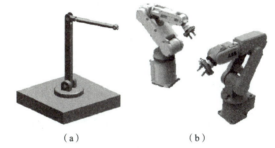

图 1-9 垂直多关节坐标系机器人

(a) 模型；(b) 实体

水平多关节坐标系机器人，其结构上具有串联配置的两个能够在水平面内旋转的手臂，自由度可依据用途选择 2~4 个，动作空间为一圆柱体。如图 1-10 所示。

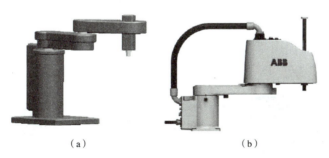

图 1-10 水平多关节坐标系机器人

(a) 模型；(b) 实体

3. 工业机器人的应用

按所接受的作业任务，可将工业机器人分为搬运、码垛、焊接、涂装、装配机器人。

搬运机器人被广泛应用于机床上下料、冲压机自动化生产线、自动装配流水线、码垛搬运、集装箱等的自动搬运。图1-11所示为搬运机器人在工作。

码垛机器人被广泛应用于化工、饮料、食品、啤酒、塑料等生产企业，对纸箱、袋装、罐装、啤酒箱、瓶装等各种形状的包装成品都适用。图1-12所示为码垛机器人在工作。

图1-11 机器人典型应用（搬运）　　　　图1-12 机器人典型应用（码垛）

焊接机器人最早应用在装配生产线上，开拓了一种柔性自动化生产方式，实现了在一条焊接机器人生产线上同时自动生产若干种焊件。图1-13所示是焊接机器人在工作。

图1-13 机器人典型应用（焊接）

涂装机器人被广泛应用在汽车、汽车零配件、铁路、家电、建材、机械等行业。图1-14是涂装机器人在工作。

装配机器人被广泛应用于各种电器的制造行业及流水线产品的组装作业，具有高效、精确、不间断工作的特点。图1-15所示是装配机器人在工作。

 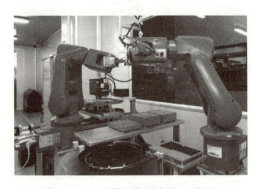

图1-14 机器人典型应用（涂装）　　　　图1-15 机器人典型应用（装配）

1.1.3 主要生产企业

在国际上，工业机器人技术日趋成熟，已经成为一种标准设备而得到工业界广泛应用，从而也形成了一批在国际上较有影响力的、著名的工业机器人公司。

工业机器人主要的品牌有：瑞典的 ABB，德国的 KUKA，日本的 FANUC、Yaskawa（安川）、NACHI（那智不二越）、OTC、MITSUBISHI（三菱），美国的 Adept Technology、American Robot、Emerson Industrial Automation、S-T Robotics，意大利的 COMAU，英国的 AutoTech Robotics，加拿大的 Jcd International Robotics，以色列的 Robogroup Tek 公司。这些公司已经成为其所在地区的支柱性企业。各种工业机器人如图 1-16 所示。

图 1-16 工业机器人集

在国内，工业机器人产业刚刚起步，但增长的势头非常强劲。如中国科学院沈阳自动化所投资组建的新松机器人公司，年利润增长在 40% 左右。

1. 国外主要机器人公司

（1）瑞典 ABB Robotics 公司。

ABB 公司是世界上最大的机器人制造公司。1974 年，ABB 公司研发了全球第一台全电控式工业机器人——IRB6，主要应用于工件的取放和物料的搬运。1975 年，生产出第一台焊接机器人。到 1980 年兼并 Trallfa 喷漆机器人公司后，机器人产品趋于完备。至 2002 年，ABB 公司销售的工业机器人已经突破 10 万台，是世界上第一个销量突破 10 万台的厂家。ABB 公司制造的工业机器人被广泛应用在焊接、装配、铸造、密封涂胶、材料处理、包装、喷漆、水切割等领域。

（2）德国 KUKA Roboter Gmbh 公司。

KUKA Roboter Gmbh 公司位于德国奥格斯堡，是世界几家顶级工业机器人制造商之一，1973 年研制开发了 KUKA 的第一台工业机器人。该公司工业机器人年产量接近 1 万台，至今已在全球安装了 6 万余台工业机器人。这些机器人被广泛应用在仪器、汽车、航天、食品、制药、医学、铸造、塑料等工业上，主要被应用在材料处理、机床装料、装配、包装、堆垛、焊接、表面修整等领域。

(3) 日本 FANUC 公司。

FANUC 公司的前身致力于数控设备和伺服系统的研制和生产。1972 年，从日本富士通公司的计算机控制部门独立出来，成立了 FANUC 公司。FANUC 公司包括两大主要业务，一是工业机器人，二是工厂自动化。2004 年，FANUC 公司的营业总收入为 2 648 亿日元，其中工业机器人（包括注模机产品）销售收入为 1 367 亿日元，占总收入的 51.6%。

(4) 日本 Yaskawa（安川）电机公司。

自 1977 年安川电机（Yaskawa Electric Co.）研制出第一台全电动工业机器人以来，已有 40 多年的机器人研发生产的历史，旗下拥有 Motoman 美国、瑞典、德国以及 Synetics Solutions 美国公司等子公司，至今共生产 13 万多台机器人产品，而最近两年生产的机器人数量，超过了其他的机器人制造公司。2005 年 4 月，该公司宣布投资 4 亿日元，建造一个新的机器人制造厂，并于同年 11 月运行，2006 年 1 月达到满负荷生产，每月工业机器人生产能力达到 2 000 台。

其核心的工业机器人产品包括：点焊和弧焊机器人、油漆和处理机器人、LCD 玻璃板传输机器人和半导体晶片传输机器人等。安川是将工业机器人应用到半导体生产领域的最早的厂商之一。

(5) 意大利 COMAU 公司。

COMAU 公司从 1978 年开始研制和生产工业机器人，至今已有 40 多年的历史。获得 ISO 9001、ISO 14000 以及福特公司的 Q1 认证。其机器人产品包括 Smart 系列多功能机器人和 MAST 系列龙门焊接机器人，被广泛应用于汽车制造、铸造、家具、食品、化工、航天、印刷等行业。

2. 国内主要机器人公司

(1) 首钢（MOTOMAN）莫托曼机器人有限公司。

首钢莫托曼机器人有限公司由中国首钢总公司、日本安川电机株式会社和日本岩谷产业株式会社共同投资组建，三方出资比例分别为 45%、43% 和 12%，引进日本安川电机株式会社最新 UP 系列机器人生产技术生产 SG – MOTOMAN 机器人，并设计制造应用于汽车、摩托车、工程机械、化工等行业的焊接、喷漆、装配、研磨、切割和搬运等领域的机器人、机器人工作站等，是目前国内最大、最先进的机器人生产基地。

(2) 沈阳新松机器人自动化股份有限公司。

沈阳新松机器人自动化股份有限公司由中国科学院沈阳自动化所为主发起人投资组建的高技术公司，是"机器人国家工程研究中心""国家八六三计划智能机器人主题产业化基地""国家高技术研究发展计划成果产业化基地""国家高技术研究发展计划成果产业化基地"。该公司是国内率先通过 ISO 9001 国际质量保证体系认证的机器人企业，其产品包括 rh6 弧焊机器人、rd120 点焊机器人及水切割、激光加工、排险、浇注等特种机器人。

1.2 工业机器人展望

1.2.1 机器人技术和市场的现状

机器人是靠自身动力和控制能力来实现各种功能的机器,在工业、医学、农业、建筑业甚至军事等领域中均有重要用途。国际机器人联合会(IRF)将机器人分成两大类,即工业机器人和服务机器人。

根据德勤数据显示,2020 年全球工业机器人销量已增长 10%。汽车行业和电子行业对工业机器人的应用最为广泛,2018 年,这两个行业贡献了全球工业机器人销量的 60%,其中汽车行业的工业机器人销量达到 120 000 台,电子行业为 110 000 台,2020 年汽车行业的工业机器人销量已达到 403 000 台,如图 1-17 所示。

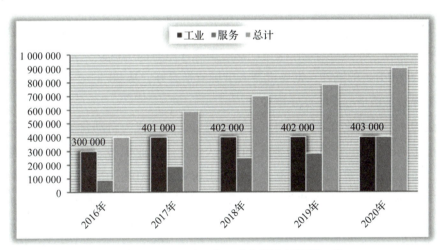

图 1-17　2016—2020 年工业机器人销售量(台)

2019 年和 2020 年全球工业机器人装机量分别达到 2.75 百万台、3.15 百万台,如图 1-18 所示。

与国外相比,我国机器人产业起步较晚。20 世纪 90 年代末,我国建立了 9 个机器人产业化基地和 7 个科研基地。产业化基地的建设给产业化带来了希望,为发展我国机器人产业奠定了基础。目前,我国已经能够生产具有国际先进水平的平面关节型装配机器人、直角坐标机器人、弧焊机器人、点焊机器人、搬运码垛机器人等一系列产品,不少品种已经实现了小批量生产。目前,汽车行业是机器人订单最大的行业,食品行业对工业机器人的应用已经成熟,电子行业则是工业机器人应用较早的行业。

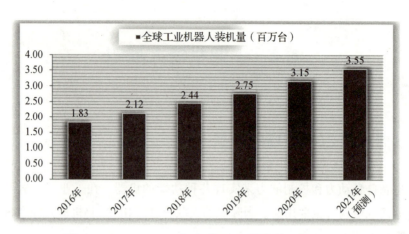

图 1-18　2016—2021 年全球工业机器人装机量及预测

1.2.2　世界机器人发展现状

在国外，工业机器人技术日趋成熟，已经成为一种标准设备被工业界广泛应用，从而形成了一批具有影响力的、著名的工业机器人公司。国外专家预测，机器人产业是继汽车、计算机之后出现的一种新的大型高技术产业。据联合国欧洲经济委员会（UNECE）和国际机器人联合会（IFR）的统计，世界机器人市场前景看好，从 20 世纪下半叶起，世界机器人产业一直保持着稳步增长的良好势头。

在发达国家中，工业机器人自动化生产线成套设备已成为自动化装备的主流。国外汽车行业、电子电器行业、工程机械等行业已经大量使用工业机器人自动化生产线，以保证产品质量，提高生产效率，同时避免了大量的工伤事故。ABB、COMAU、KUKA、BOSCH、NDC、SWISSLOG、村田等都是机器人自动化生产线及物流与仓储自动化设备的集成供应商。目前，日本、意大利、德国、美国等国家产业工人人均拥有工业机器人数量位于世界前列，全球诸多国家半个世纪以来的工业机器人使用实践表明，工业机器人的普及是实现自动化生产，提高社会生产效率，推动企业和社会生产力发展的有效手段。

1.2.3　国内机器人发展现状

为降低制造成本，解决用工严重不足等问题，机器人产业在全世界范围内兴起。中国作为世界工厂，面临的形式更为严峻。有数据显示中国每年工业机器人的装机量约占全球的 1/8，仅次于日本、韩国，在 2015 年，中国的装机量已超过这两个国家，成为世界上使用工业机器人最多的国家。自 2009 年以来，中国机器人市场持续快速增长，工业机器人年均增长速度超过 40%，到目前为止，中国工业机器人市场份额约占全球市场的 1/5；以教育、清扫等为代表的服务机器人在国内也进入市场。随着我国门户的逐渐开放，国内的工业机器人产业将要面对越来越大的竞争与冲击，因此，掌握国内工业机器人市场的实际情况，把握我国工业机器人研究的相关进展，显得十分重要。

近二十年以来，在国家相关科技计划的支持下，我国有组织、有计划地发展工业机器人产业，通过研制、生产、应用等多个层面的不断探索，在技术攻关和设计水平上有了长足的进步。总的来看，已经掌握了工业机器人的设计、制造、应用过程中的多项关键技术，能够生产出绝大部分机器人零部件，开发出弧焊、点焊、码垛、装配、搬运、注塑、冲压、喷漆等工业机器人。一些相关科研机构和企业已掌握了工业机器人操作机的优化设计制造技术，工业机器人控制、驱动系统的硬件设计技术，机器人软件的设计和编程技术、运动学和轨迹规划技术，弧焊、点焊及大型机器人自动生产线（工作站）与周边配套设备的开发和制备技术等，某些关键技术已达到或接近国际先进水平，中国工业机器人在世界工业机器人领域已占有一席之地。

1.2.4 机器人技术的发展趋势

工业机器人在许多生产领域的使用实践证明，它在提高生产自动化水平、提高劳动生产率和产品质量以及经济效益、改善工人劳动条件等方面，有着令世人瞩目的作用，引起了世界各国和社会各层人士的广泛关注。

1. 国外发展趋势

日本将机器人列为战略产业，韩国将机器人作为"增长发动机产业"，各发达国家政府早年通过制定政策，采取一系列措施鼓励企业应用机器人，设立科研基金鼓励机器人的研发设计，从政策上、资金上给予大力支持，工业机器人的应用和研究走在世界的前列。世界工业机器人市场普遍看好，各国都在期待机器人的应用研究有技术上的突破。从全球各主流厂家的产品更新迭代来看，工业机器人技术正在向智能化、模块化和系统化的方向发展，其发展趋势主要为：结构的模块化和可重构化；控制技术的开放化、PC 化和网络化；伺服驱动技术的数字化和分散化；多传感器融合技术的实用化；工作环境设计的优化和作业的柔性化以及系统的网络化和智能化等方面。

国外机器人领域发展趋势如下：

（1）工业机器人性能不断提高，而单机价格不断下降。

（2）机械结构向模块化、可重构化发展。例如关节模块中的伺服电机、减速机、检测系统三位一体化；由关节模块、连杆模块用重组方式构造机器人整机；国外已有模块化装配机器人产品问世。

（3）工业机器人控制系统向基于 PC 机的开放型控制器方向发展，便于标准化、网络化；器件集成度提高，控制柜日见小巧，且采用模块化结构，大大提高了系统的可靠性、易操作性和可维修性。

（4）机器人中的传感器作用日益重要，装配、焊接机器人采用了位置、速度、加速度、视觉、力觉等传感器，而遥控机器人则采用视觉、声觉、力觉、触觉等多传感器的融合技术来进行环境建模及决策控制；多传感器融合配置技术在产品化系统中已有成熟应用。

（5）虚拟现实技术在机器人中的作用已从仿真、预演发展到用于过程控制，如使遥控机器人操作者产生置身于远端作业环境中的感觉来操纵机器人。

（6）当代遥控机器人系统的发展特点不是追求全自治系统，而是致力于操作者与机器人的人机交互控制，即遥控加局部自主系统构成完整的监控遥控操作系统，使智能机器人走出实验室进入实用化阶段。

（7）机器人化机械开始兴起。从1994年美国开发出虚拟轴机床以来，这种新型装置已成为国际研究的热点之一，各国纷纷开拓其实际应用的领域。

2. 国内发展趋势

工业机器人市场竞争越来越激烈，中国制造业面临着与国际接轨、参与国际分工的巨大挑战，加快工业机器人的研究开发与生产是使我国从制造业大国走向制造业强国的重要手段和途径。在可预见的未来，国内机器人研究人员将重点研究工业机器人智能化体系结构，高速、高精度控制，智能化作业，形成新一代智能化工业机器人的核心关键技术体系，并在相关行业开展应用示范和推广。

（1）工业机器人智能化体系结构标准。

研究开放式、模块化的工业机器人系统结构和工业机器人系统的软硬件设计方法，形成切实可行的系统设计行业标准、国家标准和国际标准，以便于系统的集成、应用与改造。

（2）工业机器人新型控制器技术。

研制具有自主知识产权的先进工业机器人控制器。研究具有高实时性的、多处理器并行工作的控制器硬件系统；针对应用需求，设计基于高性能、低成本总线技术的控制和驱动模式。深入研究先进控制方法、策略在工业机器人中的工程实现，提高系统高速、重载、高追踪精度等动态性能，提高系统开放性。通过人机交互方式建立模拟仿真环境，研究开发工业机器人自动/离线编程技术，增强人机交互和二次开发能力。

（3）工业机器人智能化作业技术。

实现以传感器融合、虚拟现实与人机交互为代表的智能化技术在工业机器人上的可靠应用，提升工业机器人操作能力。除采用传统的位置、速度、加速度等传感器外，装配、焊接机器人还应用了视觉、力觉等传感器来实现协调和决策控制，以及基于视觉的喷涂机器人姿态反馈控制；研究虚拟现实技术与人机交互环境建模系统。

（4）成线成套装备技术。

针对汽车制造业、焊接行业等具体行业工艺需求，结合新型控制器技术和智能化作业技术，研究与行业密切相关的工业机器人应用技术和以工业机器人为核心的生产线上的相关成套装备设计技术，开发弧焊机器人用激光视觉焊缝跟踪装置，喷涂线的喷涂设备的研制以及相关功能部件并加以集成，形成我国以智能化工业机器人为核心的成套自动化制造装备。

（5）系统可靠性技术。

可靠性技术是与设计、制造、测试和应用密切相关的。建立工业机器人系统的可靠性保障体系是确保工业机器人实现产业化的关键。在产品的设计环节、制造环节和测试环节，研究系统可靠性保障技术，从而为工业机器人的广泛应用提供保证。

我国的机器人产业化必须由市场来拉动。机器人作为高新技术，它的发展与社会的生产、经济状况密切相关。机器人的研制、开发只从技术上实现可能性大，以此为原则，选择机器人优先应用的领域，并以此为突破口，向其他领域渗透、扩散至为重要。

综合国内外工业机器人研究和应用现状，工业机器人的研究正在向超智能化、模块化、系统化、微型化、多功能化及高性能、自诊断、自修复趋势发展，以适应多样化、个性化的需求向更大更宽广的应用领域发展。

1.2.5　各国的机器人发展计划

美国：引领智能化浪潮，明确提出以发展工业机器人提振制造业。

美国早在1962年就已开发出第一代工业机器人，但受限于就业压力，并未立即投入广泛应用。直到20世纪70年代末，大量使用工业机器人的日本汽车企业对美国构成威胁，美国政府才取消了对工业机器人应用的限制，加紧制定促进该技术发展和应用的政策。此后，美国企业通过生产具备视觉、力觉等的第二代机器人，实现了市场占有率的较快增长，但仍未摆脱"重理论、轻应用"的问题，也未能打破日本和欧洲的垄断格局。到2013年，美国工业机器人生产商的全球市场份额仍不足10%，且国内新增装机量大部分源于进口。

2011年6月，奥巴马宣布启动《先进制造伙伴计划》，明确提出通过发展工业机器人提振美国制造业。根据该计划，美国投资了28亿美元，重点开发基于移动互联技术的第三代智能机器人。世界技术评估中心的数据显示，目前美国在工业机器人体系结构方面处于全球领先地位；其技术的全面性、精确性、适应性均超过他国，机器人语言研究水平更高居世界之首。这些技术与其固有的信息网络技术优势融合，为机器人智能化奠定了先进、可靠的基础。

以智能化为主要方向，美国企业一方面加大对新材料的研发力度，力争大幅降低机器人自重与负载比，一方面加快发展视觉、触觉等人工智能技术，如视觉装配的控制和导航。随着智能制造时代的到来，美国有足够的潜力反超日本和欧洲。值得注意的是，以谷歌为代表的美国互联网公司也开始进军机器人领域，试图融合虚拟网络能力和现实运动能力，推动机器人的智能化。谷歌在2013年强势收购多家科技公司，已实现在视觉系统、强度与结构、关节与手臂、人机交互、滚轮与移动装置等多个智能机器人关键领域的业务部署。若其机器人部门能按照"组织全球信息"的目标持续成长，未来谷歌既可以进入迅速成长的智能工业机器人市场，又能从机器人应用中获取巨量信息来反哺其数据业务。

日本：产业体系配套完备，政府大力推动应用普及和技术突破。

第二次世界大战后，日本经济进入高速增长期，劳动力供应不足和以汽车为代表的技术密集型产业的发展刺激了工业机器人需求快速增长。20世纪60年代，日本从美国引进工业机器人技术后，通过引进、消化、吸收、再创新，于1980年率先实现了机器人的商业化应用，并将产品技术优势维持至今，以FANUC、安川为代表的日系工业机器人与欧美系工业机器人已能平起平坐。2012年，受益于下游汽车产业对工业机器人的需求大幅增长，日本再次成为全球最大的工业机器人市场，工业机器人密度高达332台/万人，为全球最高。

日本工业机器人的产业竞争优势在于完备的配套产业体系，在控制器、传感器、减速机、伺服电机、数控系统等关键零部件方面，均具备较强的技术优势，有力推动工业机器人朝着微型化、轻量化、网络化、仿人化和廉价化的方向发展。近年来，还呈现出以工业机器人产业优势带动服务机器人产业发展的趋势，并重点发展医疗/护理机器人和救灾机器人，来应对人口老龄化和自然灾害等问题。

日本政府在其中发挥着重要作用。早在日本工业机器人发展的起飞阶段，日本政府就通过一系列财税投融资租赁政策大力推动机器人的普及应用，并通过"研究与开发"政策推动技术突破。正式成立于1972年的日本机器人工业会也发挥着重要作用。该组织以鼓励研究与开发、争取政府政策支持、主办博览会等方式推广普及工业机器人。进入21世纪以来，日本政府更加重视对工业机器人产业的发展。

2002年，经济产业省开始实施"21世纪机器人挑战计划"，将机器人产业作为高端产业加以扶持，采取了加大研究与开发支持力度、发展公共平台、开发新一代机器人应用和人机友好型机器人等扶持措施，力图将全球领先的工业机器人技术拓展到医疗、福利和防灾等社会事业领域。2004年，经济产业省推行的"面向新的产业结构报告"将机器人列为重点产业，2005年的"新兴产业促进战略"再次将机器人列为七大新兴产业之一。此后，经济产业省借助各类产业政策扶持机器人产业的发展成为常态。日本总务省、文部科学省、国土交通省等部门积极实施机器人相关项目，并通过举办"机器人奖""机器人竞赛"等社会活动，推动机器人技术进步和产业发展。

德国：带动传统产业改造升级，政府资助人机交互技术及软件开发。

虽然德国稍晚于日本引进工业机器人，但与日本类似，第二次世界大战后由于劳动力短缺和提升制造业工艺技术水平的要求，极大地促进了德国工业机器人的发展。除了应用于汽车、电子等技术密集型产业外，德国工业机器人还广泛装备于包括塑料、橡胶、冶金、食品、包装、木材、家具和纺织在内的传统产业，积极带动传统产业改造升级。2011年，德国工业机器人销量创历史新高，并保持欧洲最大多用途工业机器人市场的地位，工业机器人密度达 147 台/万人。

德国政府在工业机器人发展的初级阶段发挥着重要作用，其后，产业需求引领工业机器人向智能化、轻量化、灵活化和高能效化方向发展。20 世纪 70 年代中后期，德国政府在推行"改善劳动条件计划"中，强制规定部分有危险、有毒、有害的工作岗位必须以机器人来代替人工，为机器人的应用开启了初始市场。1985 年，德国开始向智能机器人领域进军，经过 10 年努力，以 KUKA 为代表的工业机器人企业占据全球领先地位。2012 年，德国推行了以"智能工厂"为重心的"工业 4.0 计划"，工业机器人推动生产制造向灵活化和个性化方向转型。依此计划，通过智能人机交互传感器，人类可借助物联网对下一代工业机器人进行远程管理。这种机器人还将具备生产间隙的"网络唤醒模式"，以解决使用中的高能耗问题，促进制造业的绿色升级。

韩国：使用密度全球第一，多项政策支持第三代智能机器人的研发。

20 世纪 90 年代初，韩国政府为应对本国汽车、电子产业对工业机器人的爆发性需求，以"市场换技术"，通过现代集团引进日本 FANUC，全面学习后者技术，到 21 世纪，大致建成了韩国工业机器人产业体系。2000 年后，韩国的工业机器人产业进入第二轮高速增长期。2001 年至 2011 年间，韩国机器人装机总量年均增速高达 11.7%。国际机器人联合会的数据显示，2012 年，韩国的工业机器人使用密度为世界第一，每万名工人拥有 347 台机器人，远高于 58 台的全球平均水平。

目前，韩国的工业机器人生产商已占全球 5% 左右的市场份额。现代重工已可供应焊接、搬运、密封、码垛、冲压、打磨、上下料等领域的机器人，大量应用于汽车、电子、通信产业，大大提高了韩国工业机器人的自给率。但整体而言，韩国技术仍与日本、欧洲等领先国家存在较大差距。

进入 21 世纪以来，韩国政府陆续发布多项政策，旨在扶植第三代智能机器人的研发与应用。2003 年，产业资源部公布了韩国"十大未来成长动力产业"，其中就包括智能工业机器人；2008 年 9 月，《智能机器人开发与普及促进法》正式实施；2009 年 4 月，政府发布《第一次智能机器人基本计划》，计划在 2013 年前向包括工业机器人在内的 5 个机器人研究方向投入 1 万亿韩元（约合 61.16 亿元人民币），力争使韩国在 2018 年成为全球机器人主导国家；2012 年 10 月，《机器人未来战略战网 2022》公布，其政策焦点为支持韩国企业进军国际市场，抢占智能机器人产业化的先机。

中国：面临核心技术被发达国家控制等挑战，产业市场空间巨大。

首先，我国在机器人领域的部分技术已达到或接近国际先进水平。机器人涉及的技术较多，大体可分为器件技术、系统技术和智能技术。我国在通用零部件、信息网络等部分器件和系统技术领域与发达国家相比还存在一些差距，而对智能化程度要求不高的焊接、搬运、清洁、码垛、包装机器人的国产化率较高。近年来，我国在人工智能方面的研发也有所突破，中国科学院和多所著名高校都培育出了专门从事人工智能研究的团队，机器人学习、仿生识别、数据挖掘以及模式、语言和图像识别技术比较成熟。

其次，我国企业具有很强的系统集成能力，这种能力在电子信息等高度模块化产业和高铁等复杂产品产业都得到体现。系统集成的意义在于根据具体用户的需求，将模块组成可应用的生产系统，这可能成为我国机器人产业打破国外垄断的突破口。

再次，我国机器人产业的市场空间巨大。目前，我国机器人使用密度较低，制造业万人机器人累计安装量不及国际平均水平的一半，服务和家庭用机器人市场尚处于培育阶段，机器人应用市场增长空间巨大；二代机器人仍然是主流，机器人向第三代智能机器人升级换代空间巨大；机器人主要应用于汽车产业，机器人向其他领域扩展空间巨大。

当然，我们也要清醒地看到我国工业机器人产业发展面临的巨大挑战。首先，机器人的顶层架构设计和基础技术被发达国家控制，在机器人成本结构中比重较大的减速机、伺服电机、控制器、数控系统都严重依赖进口，国产机器人并不具备显著成本优势。

其次，存在低端锁定的风险。一方面，发达国家不会轻易向中国转移或授权机器人核心技术、专利，我国机器人企业通过参与国际标准制定、技术合作研发进入中高端市场的阻碍很多；另一方面，地方政府对产业的盲目投资可能形成过剩产能，导致重复建设和低价竞争。

再次，机器人的研发、制造与应用之间缺乏有效衔接。机器人相关技术研发领先的高校和院所并不具备市场开拓能力，而企业在基础研发上的投入还非常低，国内产学研结合又存在诸多体制机制障碍，导致研发与制造环节脱节。

第 2 章

工业机器人的基本特性

2.1 工业机器人的组成

2.1.1 工业机器人及系统

1. 工业机器人系统

工业机器人是一种功能完善、可独立运行的典型机电一体化设备,它有自身的控制器、驱动系统和操作界面,可对其进行手动、自动操作及编程,它能依靠自身的控制能力来实现所需要的功能。

广义的工业机器人系统包括机器人及其附属设备,系统总体分为机械系统和电气系统两大部分,如图 2-1 所示。

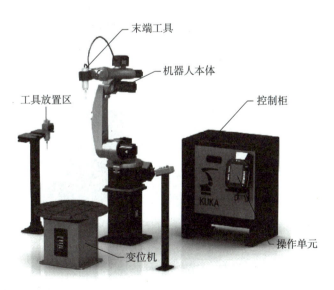

图 2-1 工业机器人系统组成

工业机器人的机械部件主要包括机器人本体、变位机、末端工具等部分；控制系统主要包括控制器、驱动器（在控制柜中）、操作单元等。其中，机器人本体、控制器、驱动器、操作单元是机器人的基本组件，所有机器人都必须配备，其他属于可选部件，可由机器人生产厂商提供或自行设计、制造与生产。

在选配部件中，变位机是用于机器人或工件的整体移动或进行系统协同作业的附加装置，它可根据需要选配；末端工具，是安装在机器人手腕上的操作机构，与机器人的作业对象、作业要求密切相关；末端工具的种类繁多，一般需要由机器人制造厂和用户共同设计、制造与集成。

在电气控制系统中，上级控制器是用于机器人系统协同控制、管理的附加设备，既可用于机器人与机器人、机器人与变位机的协同作业控制，也可用于机器人和数控机床、机器人和自动生产线其他机电一体化设备的集中控制，此外，还可用于机器人的编程与调试。上级控制器同样可根据实际系统的需要选配。在柔性加工单元（FMC）、自动生产线等自动化设备上，上级控制器的功能也可直接由数控机床所配套的数控系统（CNC）、生产线控制用的 PLC 等承担。

2. 工业机器人本体

机器人本体又称为操作机，它是用来完成各种作业的执行机构，包括机械部件及安装在机械部件上的驱动电机、传感器等。

机器人本体的形态各异，但绝大多数都是由若干关节和连杆连接而成。以常用的六轴串联垂直型工业机器人为例，本体的典型结构如图 2-2 所示。

六轴串联垂直型工业机器人的本体主要组成部件包括手部、腕部、上臂、下臂、腰部、基座等，末端执行器需要用户根据具体作业的要求设计、制造，通常不属于机器人本体的范围。机器人的运动主要包括整体回转（腰关节）、下臂摆动（肩关节）、上臂摆动（肘关节）、腕回转和弯曲（腕关节）等。

(1) 手部。机器人的手部用来安装末端执行器，它既可以安装类似人类的手爪，也可以安装吸盘或其他各种作业工具。手部是决定机器人作业灵活性的关键部件。

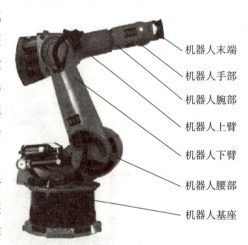

图 2-2 工业机器人本体的典型结构

(2) 腕部。腕部用来连接手部和手臂，起到支持手部的作用。腕部一般采用回转关节，通过腕部的回转，可改变末端执行器的姿态（作业方向）；在作业方向固定的机器人上，有时可省略腕部，用上臂直接连接手臂。

(3) 上臂。上臂用来连接腕部和下臂。上臂可在下臂上摆动，以实现手腕大范围的上下（俯仰）运动。

（4）下臂。下臂用来连接上臂和腰部。下臂可在腰部上摆动，以实现手腕大范围的前后运动。

（5）腰部。腰部用来连接下臂和基座。腰部可以在基座上回转，以改变整个机器人的作业方向。腰部是机器人的关键部件，其结构刚性、回转范围、定位精度等直接决定了机器人的技术性能。

（6）基座。基座是整个机器人的支持部分，它必须有足够的刚性，以保证机器人运动平稳、固定牢固。

一般而言，同类机器人的基座、腰部、下臂、上臂结构基本统一，习惯上将其称为机身；机器人的腕部和手部结构，与机器人的末端执行器安装和作业要求密切相关，其形式多样，习惯上将其称为手腕。

2.1.2 常用的附件

工业机器人常用的机械附件主要有变位机、末端执行器两大类。变位机主要用于机器人整体移动或协同作业，它既可选配机器人生产厂家的标准部件，也可由用户根据需要设计、制作；末端执行器是安装在机器人手部的操作机构，它与机器人的作业要求、作业对象密切相关，一般需要由机器人制造厂和用户共同设计与制造。

1. 变位机

变位机是用于机器人或工件整体移动，进行协同作业的附加装置，它可根据需要选配。变位机的作用如图2-3所示。

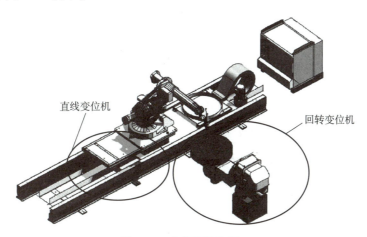

图2-3 变位机的作用

通过选配变位机，可增加机器人的自由度和作业空间；此外，还可实现作业对象或其他机器人的协同运动，增强机器人的功能和作业能力。简单机器人系统的变位机一般由机器人控制器进行控制,多机器人复杂系统的变位机需要由上级控制器进行集中控制。

根据用途,机器人变位机可分为专用型和通用型两类。专用型变位机一般用于作业对象的移动,其结构各异、种类较多,难以尽述。通用型变位机既可用于机器人移动,也可用于作业对象的移动,它是机器人常用的附件。根据运动特性,通用型变位机可分为回转变位机、直线变位机两类,根据控制轴又可分为单轴、双轴、三轴变位机,如图2-4所示。

图2-4 通用型回转变位机

(1) 回转变位机。

通用型回转变位机与数控机床的回转工作台类似,常用的有单轴和双轴两类。

单轴变位机可用于机器人或作业对象的垂直(立式)或水平(卧式)360°回转,配置单轴变位机后,机器人可以增加1个自由度。

双轴变位机可实现一个方向的360°回转和另一方向的局部摆动,其结构有L型和A型两种。配置双轴变位机后,机器人可以增加2个自由度。

此外,在焊接机器人上,还经常使用如图2-5所示的三轴R型变位机,这种变位机有2个水平(卧式)360°回转轴和1个垂直方向(立式)回转轴,可用于回转类工件的多方向焊接或工件的自动交换。

(2) 直线变位机。

通用型直线变位机与数控机床的移动工作台类似,如图2-6所示的水平移动直线变位机为常用变位机,但也有垂直方向移动的变位机和二轴十字运动变位机。

2. 末端执行器

机器人末端执行器装在操作机手腕的前端(称机械接口),用以直接执行工作任务。根据作业任务的不同,它可以是夹持器或专用工具等。

图2-5 三轴R型回转变位机

图2-6 水平移动直线变位机

夹持器是具有夹持功能的装置，如吸盘、机械手爪、托持器等，如图2-7所示。

专用工具是用以完成某项作业所需要的装置，如用于焊接、切割、打磨等加工的焊枪、铣头、磨头等各种工具，如图2-8所示。

图2-7 夹持器

图2-8 工具或刀具

2.1.3 电气控制系统

1. 控制器

控制器是机器人系统的核心，用于控制机器人坐标轴位置和运动轨迹，输出运动轴的插补脉冲,其功能与数控(CNC)非常类似。控制器的常用结构有如图2-9所示的两种。

图2-9　机器人控制器

(a)工业计算机型;(b)机器人控制器

工业计算机(又称工业PC)型机器人控制器的主机和通用计算机并无本质的区别,但机器人控制器需要增加传感器、驱动器接口等硬件,这种控制器的兼容性好,软件安装方便、网络通信容易。

PLC(可编程序控制器)型机器人控制器以类似PLC的CPU模块作为中央控制器,然后通过选配各种PLC功能模块,如测量模块、轴控制模块等,来实现对机器人的控制,这种控制器的配置灵活,模块通用性好、可靠性高。

2. 操作单元

工业机器人的现场编程一般通过示教操作实现,对操作单元的移动性能和手动性能的要求较高,但其显示功能一般不及数控系统,因此,机器人的操作单元以手持式为主,其常见形式有图2-10所示的3种。

图2-10　操作单元

(a)传统型;(b)菜单式;(c)智能终端型

图2-10(a)为传统型操作单元,它由显示器和按键组成,操作者可通过按键直接输入命令和进行所需的操作,其使用简单,但显示器较小。这种操作单元多用于早期的工业机器人操作和编程,目前日系品牌还大量采用这种示教单元。

图2-10(b)为目前常用的菜单式操作单元,它由显示器和操作菜单键组成,操作者可通过操作菜单选择需要的操作。这种操作单元的显示器大,目前使用较普遍,但部分操作不及传统型操作单元简便直观。

图 2-10 (c) 为智能终端型操作单元,它使用了目前较为流行的平板电脑,可以在其上进行 APP 开发,这种操作单元的最大优点是可直接通过 WiFi 连接控制器和网络,从而省略了操作单元和控制器间的连接电缆。智能终端型操作单元使用灵活、方便,是适合网络环境下使用的新型操作单元。

3. 驱动器

驱动器实际上是用于将控制器的插补脉冲功率进行放大的装置,实现驱动电机位置、速度、转矩控制,驱动器通常安装在控制柜内。驱动器的形式取决于驱动电机的类型,伺服电机需要配套伺服驱动器,步进电机则需要使用步进驱动器。

机器人目前常用的驱动器以交流伺服驱动器为主,图 2-11 所示为集成式、模块式和独立式 3 种基本结构形式。

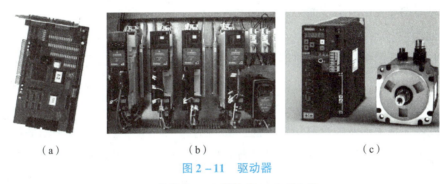

图 2-11 驱动器
(a) 集成式;(b) 模块式;(c) 独立式

集成式驱动器的全部驱动模块集成于一体,电源模块可以独立或集成,这种驱动器的结构紧凑、生产成本低,是目前使用较为广泛的结构形式。

模块式驱动器的电源模块为公用,驱动模块独立,驱动器需要统一安装。集成式、模块式驱动器不同控制轴间的关联性强,调试、维修和更换相对比较麻烦。

独立式驱动器的电源和驱动电路集成于一体,每一轴的驱动器可独立安装和使用,因此,其安装使用灵活、通用性好,其调试、维修和更换也较方便。

2.2 工业机器人的特点

2.2.1 基本特点

工业机器人是集机械、电子、控制、计算机、传感器、人工智能等多学科先进技术于一体的现代制造业重要的自动化装备,机器人技术和数控技术、PLC 技术并称为工业自动化的三大支持技术。机器人技术及其产品发展非常迅速,已成为柔性制造系统(FMS)、自动化工厂（FA）、计算机集成制造系统（CIMS）的自动化工具，同时也是工业4.0智能化工厂中重要的一环。总而言之，工业机器人的基本特点主要有以下三点。

（1）可编程。

生产自动化的进一步发展是柔性启动化。工业机器人可随其工作环境变化的需要而再编程，因此它在小批量、多品种、具有均衡高效率的柔性制造过程中能发挥很好的功用，是柔性制造系统中的一个重要组成部分。

（2）拟人化。

工业机器人在机械结构上有类似人的行走、腰转动作和大臂、小臂、手腕、手爪等部分，在控制上有电脑。此外，智能化工业机器人还有许多类似人类的"生物传感器"，如皮肤型接触传感器、力传感器、负载传感器、视觉传感器、声觉传感器等。传感器提高了工业机器人对周围环境的自适应能力。

（3）通用性。

除了专门设计的专用的工业机器人外，一般工业机器人在执行不同的作业任务时具有较好的通用性。比如，更换工业机器人手部末端操作器（手爪、工具等）便可执行不同的作业任务。

工业机器人技术涉及的学科相当广泛，其归纳起来是机械学和微电子学的结合——机电一体化技术。第三代智能机器人不仅具有获取外部环境信息的各种传感器，而且还具有记忆能力、语言理解能力、图像识别能力、推理判断能力等人工智能，这些都是微电子技术的应用，特别是与计算机技术的应用密切相关。

2.2.2　工业机器人与数控机床

世界首台数控机床出现于1952年，它由美国麻省理工学院率先研发成功，其诞生比工业机器人早7年，因此，工业机器人的很多技术都来自数控机床。

George Devol（乔治·德沃尔）最初设想的机器人实际就是工业机器人，他所申请的专利就是利用数控机床的伺服轴驱动连杆机构动作，然后通过操纵、控制器对伺服轴的控制，来实现机器人的功能。按照相关标准来定义，工业机器人是"能够自动定位控制，可重复编程的、多功能的、多自由度的操作机"，这点也与数控机床十分类似。

因此，工业机器人和数控机床的控制系统类似，它们都有控制面板、控制器、伺服驱动器等基本部件，操作者可利用控制面板对它们进行手动操作或进行程序自动运行、程序输入与编辑等操作控制，如图2-12所示。

但是，由于工业机器人和数控机床的研发目的有着本质的区别，因此，其地位、用途、结构、性能等各方面均存在较大的差异。

(a) (b)

图 2-12 工业机器人与数控机床

(a) 工业机器人；(b) 数控机床

1. 作用和地位

机床是用来加工机器零部件的设备，是制造机器的机器，故称为工业母机，也称工具机；没有机床就几乎不能制造机器，没有机器就不能生产工业产品。因此，机床被称为国民经济基础的基础，在现在的制造模式中，它仍然处于制造业的核心地位。

工业机器人尽管发展速度很快，但目前绝大多数还只是用于零件搬运、装卸、包装、装配的生产辅助设备，或是进行焊接、切割、打磨、抛光等简单粗加工的生产设备，它在机械加工自动生产线上（焊接、涂装生产线除外）所占的价值一般只有 15% 左右。

因此，除非现有的制造模式发生颠覆性变革，否则，工业机器人的体量很难超越机床。

2. 目的和用途

工业机器人与数控机床的集成应用如图 2-13 所示。

图 2-13 工业机器人与数控机床的集成应用

研发数控机床的根本目的是解决机床在轮廓加工时的刀具运动轨迹控制问题，而研发工业机器人的根本目的是用来协助或代替人类完成那些单调、重复、频繁或长时间、繁重的工作，或进行高温、粉尘、有毒、易燃、易爆等危险环境下的作业。由于两者的研发目的不同，因此，其用途也有本质的区别。

简言之，数控机床是直接用来加工零件的生产设备，而大部分工业机器人则是用来替代或部分替代操作者进行零件搬运、装配、包装等作业的生产辅助设备；因此，两者目前尚无法相互完全替代。

3. 结构形态

工业机器人需要模拟人的动作和行为，其结构形态丰富，经常采用如图 2-14（a）所示的串联多关节及柱坐标、球面坐标、并联轴等结构形式，部分机器人（如无人搬运车等）的作业空间也是开放的。

数控机床的结构形态单一，绝大多数都采用如图 2-14（b）所示的直角坐标结构，在此基础上，可利用回转、摆动的坐标轴扩大轮廓加工能力，但其作业空间（加工范围）都局限于设备本身的范围。

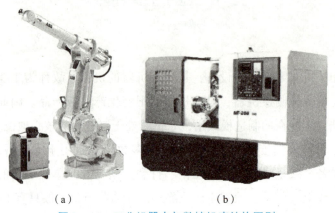

图 2-14 工业机器人与数控机床结构区别

(a) 工业机器人；(b) 数控机床

然而，随着技术的发展，两者的结构形态也逐步融合。例如，机器人有时也采用直角坐标结构布局，同样，采用并联虚拟轴结构的数控机床也已有实用化的产品。此外，为提高效率，加工中心和车削中心等数控机床需要配备自动换刀装置、上下料机械手等类似机器人的辅助装置。而用于焊接、切割、打磨、抛光等加工的工业机器人，也需要像数控焊接、切割、磨削机床那样配备焊枪、割枪或其他刀具。

4. 性能指标

数控机床是用来加工零件的精密加工设备，其轮廓加工能力、定位精度和加工精度等是衡量数控机床性能最为重要的技术指标。高精度数控机床的定位精度和加工精度通常需要达到 0.01 mm 或 0.001 mm 数量级，甚至更高，而且精度检测和计算标准的要求高于机器人。数控机床的轮廓加工能力取决于工件要求和机床结构，通常而言，能同时控制 5 轴（5 轴联动）的机床，就可满足几乎所有零件的轮廓加工要求。

工业机器人是用于零件搬运、装卸、码垛、装配的生产辅助设备，或是进行焊接、切割、打磨、抛光等粗加工的设备，强调的是动作灵活性、作业空间、承载能力和感知能力。因此，除少数用于精密加工或装配的机器人外，其余大多数工业机器人对定位精度和轨迹精度的要求并不高，通常只需要达到 1 mm 或 0.1 mm 的数量级便可满足要求，且精度检测和计算标准低于数控机床。但是，工业机器人的控制轴数将直接决定自由度、动作灵活性等关键指标，其要求很高。理论上说，需要工业机器人有6个自由度（6轴控制），才能完全描述一个物体在三维空间的位置，如需要避障，还得有更多的自由度。

此外，智能工业机器人需要有一定的感知能力，故需要配备位置、触觉、视觉、听觉等多种传感器，而数控机床一般只需要检测速度与位置，因此，工业机器人对检测技术的要求高于数控机床。

5. 工业机器人与机床集成应用

工业机器人正大踏步走进机床领域，并与机床结合在一起，为用户提供各种个性化的智能制造装备。工业机器人与机床集成应用如图2-15所示。

图2-15 工业机器人与机床集成应用

在焊接、搬运、码垛、装配等大多数应用领域里，工业机器人是作为主机使用的。与此不同，与机床配套的机器人一般是作为辅机来发挥作用的。当前其具体的应用形式主要有以下几种。

（1）单机上下料。

单机上下料是机器人在机床上最典型和最成熟的应用。它比人工上下料更准确、迅速、安全。对生产批量大、加工时间短的中小零件加工，或需吊装的笨重工件而言，机器人上下料的优势特别明显。

（2）机器人与机床组成柔性生产线。

由机器人承担工件的工序转换工作，与若干台机床组成柔性生产线，是一种比单机上下料更为复杂也更有价值的一种应用，在当前工业转型升级过程中，市场需求越来越旺盛。

（3）与机床共同完成加工工艺过程。

机器人夹持工件在冲剪、折弯机上实现加工操作，不仅是简单的上下料，而且替代了所有原来的人工作业。这比人工操作更加准确和快速，从而提高了产品质量和生产效率。尤其是彻底解决了冲压类机床的工伤隐患。

（4）独立完成加工工序。

给机器人装上专用工具，机器人可以完成打磨、抛光、喷涂等工艺过程，甚至可以让机器人直接夹持切削工具，对工件进行打孔、攻丝。

2.2.3 工业机器人与机械手

用于零件搬运、装卸、码垛、装配的工业机器人,其功能与自动化生产设备中的辅助机械手类似,例如,国际标准化组织(ISO)将工业机器人定义为"自动的、位置可控的、具有编程能力的多功能机械手";日本机器人协会(JRA)将工业机器人定义为"能够执行人体上肢(手和臂)类似动作的多功能机器",这表明两者的功能存在很大的相似之处。

工业机器人与生产设备中的辅助机械手的区别如图 2-16 所示,两者的控制系统、操作编程、驱动系统均有明显的不同。

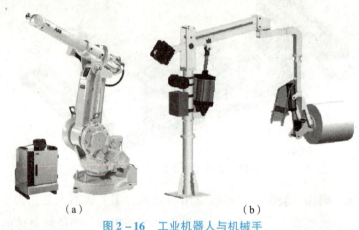

图 2-16 工业机器人与机械手
(a) 工业机器人;(b) 机械手

1. 控制系统

工业机器人通常都需要有如图 2-16(a) 所示的独立控制器、驱动系统、操作界面等,可对其进行手动、自动操作和编程,因此,它是一种可独立运行的完整设备,能依靠自身的控制能力来实现所需要的功能。

机械手只是用来实现如图 2-16(b) 所示的辅助搬运装置,其控制一般需要通过设备的控制器(如 CNC、PLC 等)实现,它没有自身的控制系统和操作界面,故不能独立运行。

2. 操作编程

工业机器人具有适应动作和对象变化的柔性,其动作是可变的,如需要,最终用户可随时通过手动操作或编程来改变其动作,现代工业机器人还可根据人工智能技术所制定的原则纲领自主行动。但是,辅助机械手的动作和对象是固定的,其控制程序通常由设备厂家编制;即使在调整和维修时,用户通常也只能按照设备生产厂家的规定进行操作,而不能改变其动作的位置与次序。

3. 驱动系统

工业机器人需要灵活改变位置,绝大多数运动轴都需要有任意位置定位功能,需要使用伺服驱动系统；在无人搬运车（AGV）等输送机器人上，还需要配备相应的行走机构及相应的驱动系统。而辅助机械手的安装位置、定位点和动作次序样板都是固定不变的，大多数运动部件只需要控制起点和终点，故较多地采用气动、液压驱动系统。

2.3 工业机器人的结构形态

从运动学原理上说，绝大多数机器人的本体都是由若干关节（Joint）和连杆（Link）组成的运动链。根据关节间的连接形式，多关节工业机器人的典型结构形态主要有垂直串联、水平串联和并联三大类。

2.3.1 垂直串联型

1. 基本结构与特点

垂直串联型是工业机器人最常用的结构形式，可用于加工、搬运、装配、包装等各种场合。

垂直串联结构机器人的本体部分一般由5~7个关节在垂直方向依次串联而成，典型结构如图2-17所示的六关节串联型。

为了便于区分，在机器人上，通常将能够在四象限进行360°或接近360°回转的旋转轴（图中用实线表示的轴）称为回转轴（Roll）；将只能在第三象限进行小于270°回转的旋转轴（图中用虚线表示的轴）称为摆动轴（Bend）。

图2-17所示的六轴垂直串联结构的机器人可以模拟人类从腰部到手腕的运动。其6个运动轴分别为腰部回转轴S（Swing）、下臂摆动轴L（Lower Arm Wiggle）、上臂摆动轴U（Upper Arm Wiggle）、腕回转轴R（Wrist Rotation）、腕弯曲轴B（Wrist Bending）、手回转轴T（Turning）。

垂直串联结构机器人的末端执行器的作业点运动，由手臂和手腕、手的运动合成。六轴典型结构机器人的手臂部分有腰、肩、肘3个关节，它用来改变手腕基准点（参考点）的位置，称为定位机构；手腕部分有腕回转、弯曲和手回转3个关节，它用来改变末端执行器的姿态，称为定向机构。

在垂直串联结构的机器人中，腰部回转轴S称为腰关节，它可使得机器人中除基座外

图2-17 六轴典型结构

的所有后端部件，绕固定基座的垂直轴线，进行四象限 360°或接近 360°回转，以改变机器人的作业面方向。下臂摆动轴 L 称为肩关节，它可使机器人下臂及后端部件进行垂直方向的偏摆，实现参考点的前后运动。上臂摆动轴 U 称为肘关节，它可使机器人上臂及后端部件进行水平方向的偏摆，实现参考点的上下运动（俯仰）。

腕回转轴 R、腕弯曲轴 B、手回转轴 T 通称为腕关节，它用来改变末端执行器的姿态。腕回转轴 R 用于机器人手腕及后端部件的四象限 360°或接近 360°回转运动；腕弯曲轴 B 用于手部及末端执行器的上下或前后、左右摆动运动；手回转轴 T 可实现末端执行器的四象限 360°或接近 360°回转运动。

六轴垂直串联结构机器人通过以上定位机构和定向机构的串联，较好地实现了三维空间内的任意位置和姿态控制，它对于各种作业都有良好的适应性，因此，可用于加工、搬运、装配、包装等各种场合。

但是，六轴垂直串联结构机器人也存在固有的缺点。首先，末端执行器在笛卡儿坐标系上的三维运动（X、Y、Z 轴）需要通过多个回转、摆动轴的运动合成，且运动轨迹不具备唯一性，X、Y、Z 轴的坐标计算和运动控制比较复杂，加上 X、Y、Z 轴位置无法直接检测，因此，要实现高精度的位置控制非常困难。其次，由于结构所限，这种机器人存在运动干涉区域，限制了作业范围。再次，在如图 2-17 所示的典型结构上，所有轴的运动驱动机构都安装在相应的关节部位，机器人上部的质量大、重心高，高速运动时的稳定性较差，承载能力也受到一定的限制等。

2. 简化结构

机器人末端执行器的姿态与作业对象和要求有关，在部分作业场合，有时可省略 1~2 个运动轴，简化为 4~5 轴垂直串联结构的机器人；或者以直线轴代替回转摆动轴。如图 2-18 所示为机器人的简化结构。

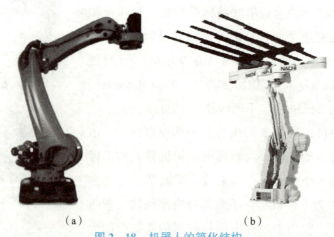

图 2-18 机器人的简化结构
（a）五轴；（b）四轴

例如，对于以水平面作业为主的大型机器人，可省略腕回转轴 R，直接采用如图 2 – 18（a）所示的五轴结构；对于搬运、码垛作业的重载机器人，可采用如图 2 – 18（b）所示的四轴结构，省略腰部回转轴 S 和腕回转轴 R，直接通过手回转轴 T 来实现执行器的回转运动，以简化结构、增加刚性、方便控制等。

3. 七轴结构

六轴垂直串联结构的机器人，由于结构限制，作业时存在运动干涉区域，使得部分区域的作业无法进行。为此，工业机器人生产厂家又研发了如图 2 – 19 所示的七轴垂直串联结构的机器人，图中 1～7 就是这七个轴。

七轴垂直串联结构的机器人在六轴机器人的基础上，增加了下臂回转轴 LR（Lower Arm Rotation），使得手臂部分的定位机构扩大到腰回转、下臂摆动、下臂回转、上臂摆动 4 个关节，手腕基准点（参考点）的定位更加灵活。

例如，当机器人上部的运动受到限制时，它仍然能够通过下臂的回转，避让上部的干涉区，从而完成下部作业。此外，它还可以在正面运动受到限制时，通过下臂的回转，避让正面的干涉区，进行反向作业。

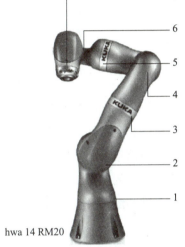

图 2 – 19　七轴结构

2.3.2　水平串联型

水平串联结构机器人是日本山梨大学在 1978 年发明的一种机器人结构形式，又称为 SCARA（Selective Compliance Assembly Robot Arm，平面关节型机器人）结构。这种机器人为 3C 行业的电子元器件安装等操作而研制，适合于中小型零件的平面装配、焊接或搬运等作业。

用于 3C 行业的水平串联结构机器人的典型结构如图 2 – 20 所示，这种机器人的结构紧凑、质量轻，因此，其本体一般采用平放或壁挂两种安装方式。

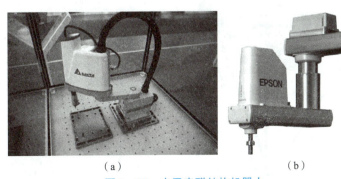

图 2 – 20　水平串联结构机器人

（a）平放；（b）壁挂

水平串联结构机器人一般有3个手臂和4个控制轴。机器人的3个手臂依次沿水平方向串联延伸布置,各关节的轴线相互平行,每一臂都可绕垂直轴线回转。

垂直轴 Z 用于3个手臂的整体升降。为了减轻升降部件质量、提高快速性,也有部分机器人使用如图2-21所示的手腕升降结构。

图2-21 手腕升降结构

采用手腕升降结构的机器人增加了 Z 轴升降行程,减轻了升降运动部件质量,提高了手臂刚性和负载能力,故可用于机械产品的平面搬运和部件装配作业。

总体而言,水平串联结构的机器人具有结构简单、控制容易,垂直方向的定位精度高、运动速度快的优点,但其作业局限性较大,因此,多用于3C行业的电子元器件安装、小型机械部件装配等轻载、高速平面装配和搬运作业。

2.3.3 并联型

并联(Parallel Articulated)结构主要用于电子电工、食品药品等行业装配、包装、搬运的高速、轻载机器人中。并联结构是工业机器人的一种新颖结构,它由瑞士 Demaurex 公司在1992年率先应用于包装机器人上。

并联结构机器人的外形和运动原理如图2-22所示。这种机器人一般采用悬挂式布局,其基座上置,手腕通过空间均布的3根并联连杆支撑。

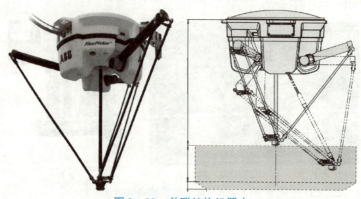

图2-22 并联结构机器人

并联结构机器人可通过控制连杆的摆动角实现手腕在一定圆柱空间内的定位;在此基础上,可通过如图2-23所示手腕上的1~3轴回转和摆动,增加自由度。

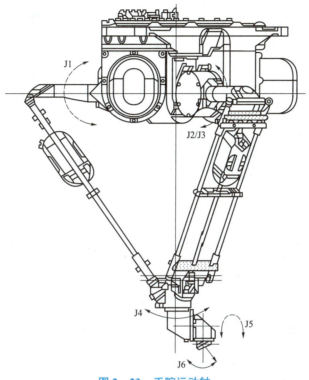

图2-23 手腕运动轴

并联结构和前述的串联结构有本质的区别,它是工业机器人结构发展史上的一次重大变革。

在传统的串联结构机器人上,从基座至末端执行器,需要经过腰部、下臂、上臂、手腕、手部等多级运动部件的串联。因此,当腰部回转时,安装在腰部上的下臂、手腕、手部等都必须进行相应的空间移动;当下臂运动时,安装在下臂上的上臂、手腕、手部等也必须进行相应的空间移动等;即后置部件必然随同前置轴一起运动,这无疑增加了前置轴运动部件的质量。

另外,在机器人作业时,执行器上所受的反力也将从手部、手腕依次传递到上臂、下臂、腰部、基座上,即末端执行器也受力,也将串联传递到前端。因此,前端构件在设计时不但要考虑负担后端构件的重力,而且还要承受作业反力,为了保证刚性和精度,每个部件的构件都得有足够体积和质量。

由此可见,串联结构的机器人必然存在移动部件质量大、系统刚度低等固有缺陷。

并联结构的机器人手腕和基座采用的是3根并联连杆连接,手部受力可由3根连杆均匀分摊,每根连杆只承受拉力或压力,不承受弯矩或转矩,因此,这种结构理论上具有刚度高、质量轻、结构简单、制造方便等特点。

但是,并联结构的机器人所需要的安装空间较大,机器人在笛卡儿坐标系上的定位控制与位置检测等方面均有相当大的技术难度，因此，其定位精度通常较低。

2.4 工业机器人的技术性能

2.4.1 主要技术参数

1. 技术参数

由于机器人的结构、用途和要求不同，机器人的性能也有所不同。一般而言，机器人样本和说明书中所给的主要技术参数有控制轴数（自由度）、承载能力、工作范围（作业空间）、运动速度、位置精度等。此外，还有安装方式、防护等级、环境要求、供电电源要求、机器人外观尺寸与质量等与使用、安装、运输相关的其他参数。

以 ABB 公司的 IRB120 和安川公司 MH6 两种六轴通用型机器人为例，产品样本和说明书所提供的主要技术参数如表 2-1 所示。

表 2-1 六轴通用型机器人主要技术参数

机器人型号		IRB120	MH6
规格 (Specification)	承受能力（Payload）	3 kg	6 kg
	控制轴数（Number of Axes）	6	
	安装方式（Mounting）	地面/壁挂/框架/倾斜/倒置	
工作范围 (Working Range)	第一轴（Axis 1）	+165°～-165°	-170°～+170°
	第二轴（Axis 2）	+110°～-110°	-90°～+155°
	第三轴（Axis 3）	+70°～-90°	-175°～+250°
	第四轴（Axis 4）	+160°～-160°	-180°～+180°
	第五轴（Axis 5）	+120°～-120°	-45°～+225°
	第六轴（Axis 6）	+400°～-400°	-360°～+360°
最大速度 (Maximum Speed)	第一轴（Axis 1）	250°/s	220°/s
	第二轴（Axis 2）	250°/s	200°/s
	第三轴（Axis 3）	250°/s	220°/s
	第四轴（Axis 4）	320°/s	410°/s
	第五轴（Axis 5）	320°/s	410°/s
	第六轴（Axis 6）	420°/s	610°/s

续表

机器人型号		IRB120	MH6
重复精度定位 RP（Position Repeatability）		0.01 mm	±0.08/JISB 8432
工作环境 （Ambient）	工作温度（Operation Temperature）	+5 ~ +45 ℃	0 ~ +45 ℃
	储运温度（Transportation Temperature）	-25 ~ +55 ℃	-25 ~ +55 ℃
	相对湿度（Relative Humidity）	≤95% RH	20% ~ 80% RH
电源 （Power Supply）	电压（Supply Voltage）	200 ~ 600 V/50 ~ 60 Hz	200 ~ 400 V/50 ~ 60 Hz
	容量（Power Consumption）	3.0 kVA	1.5 kVA
外形（Dimensions）	长×宽×高（Width×Depth×Height）	800 mm × 620 mm × 950 mm	640 mm × 387 mm × 1 219 mm
质量（Weight）		25 kg	130 kg

由于多关节机器人的工作范围是三维空间的不规则球体，部分产品也不标出坐标轴的正负行程，为此，样本中一般需要提供如图 2-24 所示的详细作业空间图。

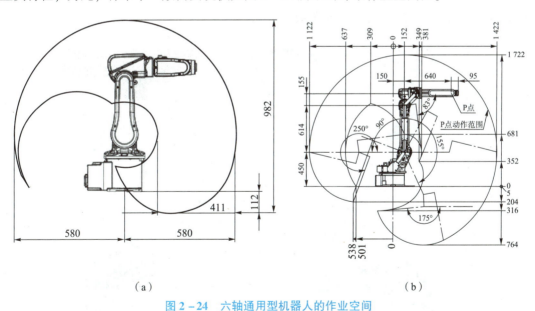

(a)　　　　　　　　　　　(b)

图 2-24　六轴通用型机器人的作业空间
(a) IRB120；(b) MH6

2. 分类性能

工业机器人的技术性能要求与用途有关。不同类别的机器人主要技术性能如表 2-2 所示。

表 2-2　不同类别的机器人主要技术性能

类别		控制轴数（自由度）	承载能力	重复定位精度
加工类	弧焊	6～7	3～20 kg	0.05～0.1
	其他	6～7	50～350 kg	0.2～0.3
装配类	装配	4～6	2～20 kg	0.05～0.1
	涂装	6～7	5～30 kg	0.2～0.5
搬运类	装卸	4～6	5～200 kg	0.1～0.3
	输送	4～6	5～6 500 kg	0.2～0.5
包装类	分拣、包装	4～6	2～20 kg	0.05～0.1
	码垛	4～6	50～1 500 kg	0.5～1

3. 机器人安装方式

机器人的安装方式与结构有关。一般而言，直角坐标系机器人大都采用底面（Floor）安装，并联结构机器人则采用倒置安装；水平串联结构的多关节型机器人可采用底面和壁挂（Wall）安装；而垂直串联结构的多关节机器人除了常规的底面（Floor）安装方式外，还可根据实际需要，选择壁挂式（Wall）、框架式（Shelf）、倾斜式（Tilted）、倒置式（Inverted）等安装方式，如图 2-25 所示。

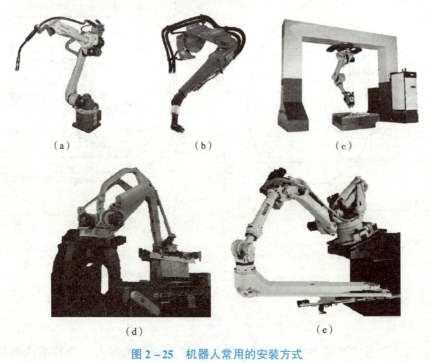

图 2-25　机器人常用的安装方式

(a) 底面；(b) 壁挂；(c) 倒置；(d) 框架；(e) 倾斜

2.4.2 自由度

1. 基本说明

自由度是衡量机器人动作灵活性的重要指标。所谓自由度，就是整个机器人运动链所能够产生的独立运动数，包括直线运动、回转运动、摆动运动，但不包括执行器本身的运动（如刀具旋转等）。机器人的每一个自由度原则上都需要有一个伺服轴驱动其运动，因此，在产品样本和说明书中，通常以控制轴数进行表示。

机器人的自由度与作业要求有关。自由度越多，执行器的动作就越灵活，机器人的通用性也就越好，但其机械结构和控制也就越复杂。因此，对于作业要求基本不变的批量作业机器人来说，运行速度、可靠性是其最重要的技术指标，其自由度则可在满足作业要求的前提下，适当减少；而对于多品种、小批量作业的机器人来说，通用性、灵活性指标显得更加重要，这样的机器人就需要有很多的自由度。

如图 2-26（a）所示的直线运动或回转运动，所需的自由度为 1。如执行器需要进行平面直线运动（水平面或垂直），或进行如图 2-26（b）所示的直线运动和 1 个方向的摆动运动，所需的自由度为 2。如执行器需要进行图 2-26（c）所示的空间直线运动，或需要进行平面直线运动和 1 个方向的摆动运动，所需要的自由度为 3。

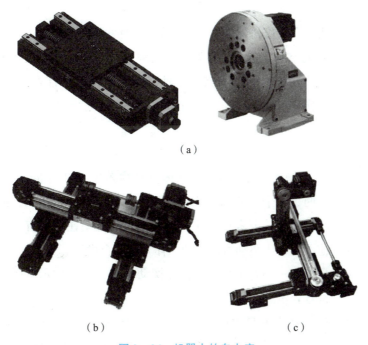

图 2-26 机器人的自由度
(a) 1 自由度；(b) 2 自由度；(c) 3 自由度

进而，如要求执行器能够在三维空间内进行自由运动，则机器人必须能实现如图2-27所示的 X、Y、Z 三个方向的直线运动和围绕 X、Y、Z 轴的回转运动，即需要有6个自由度。这也就意味着，如果机器人能具备上述6个自由度，执行器就可以在三维空间上任意改变姿态，实现对执行器位置的完全控制。

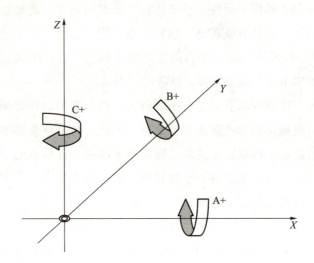

图2-27　三维空间的自由度

如果机器人的自由度超过6个，多余的自由度称为冗余自由度，冗余自由度一般用来回避障碍物。

在三维空间作业的多自由度机器人上，由第1~3轴驱动的3个自由度，通常用于手腕基准点（又称参考点）的空间定位，故称为定位机构；4~6轴则用来改变末端执行器作业点的方向、调整执行器的姿态，如使刀具、工具与作业面保持垂直等，故称为定向机构。但是，当机器人实际工作时，定位和定向动作往往是同时进行的，因此，需要多轴同时运动。

2. 表示方法

从运动学原理上说，绝大多数机器人的本体都是由若干关节（Joint）和连杆（Link）组成的运动链。机器人的每一个关节都可使执行器产生一个或几个运动，但是，由于结构设计和控制方面的原因，一个关节真正能够产生驱动力的运动往往只有一个，这一自由度称为主动自由度；其他不能产生驱动力的运动，称为被动自由度。

一个关节的主动自由度一般有平移、回转和摆动3种，在结构示意图中，它们可分别用如图2-28所示的符号表示。

多关节串联结构的机器人的自由度表示，只需要根据其机械结构，依次连接各关节。如图2-29所示为五轴垂直串联结构和三轴水平串联结构机器人的自由度的表示方法，其他结构机器人的自由度表示方法类似。

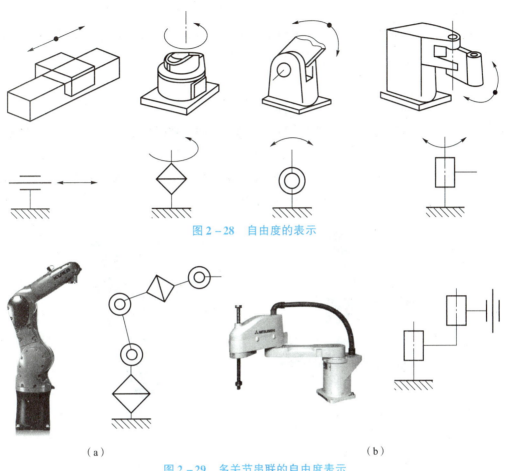

图 2-28 自由度的表示

图 2-29 多关节串联的自由度表示
(a) 垂直串联；(b) 水平串联

2.4.3 工作范围

1. 基本说明

工作范围（Working Range）又称为作业空间，它是衡量机器人作业能力的重要指标，工作范围越大，机器人的作业区域也就越大。机器人样本和说明书中所提供的工作范围是指机器人在未安装末端执行器时，其参考点（手腕基准点）所能到达的空间。

工作范围的大小取决于机器人各个关节的运动极限范围，它与机器人的结构有关。工作范围应剔除机器人在运动过程中可能产生自身碰撞的干涉区域；此外，机器人实际使用时，还需要考虑安装了末端执行器之后可能产生的碰撞，因此，实际工作范围还应剔除执行器与机器人碰撞的干涉区域。

机器人的工作范围内还可能存在奇异点（Singular Point）。所谓奇异点，是由于结构的约束，导致关节失去某些特定方向的自由度的点，奇异点通常存在于作业空间的边缘，如奇异点连成一片，则称为"空穴"。机器人运动到奇异点附近时，由于自由度的逐步丧失，关节的姿态需要急剧变化，这将导致驱动系统承受很大的负载而产生过载。因此，对于存在奇异点的机器人来说，其工作范围还需要剔除奇异点和空穴。

2. 作业空间

机器人的工作范围主要取决于定位机构的结构形态。作为典型结构，参考点在三维空间的定位可通过三轴直线运动（直角坐标型）、二轴直线加一轴回转或摆动（圆柱坐标型）、一轴直线加二轴回转或摆动（球坐标型）、三轴回转或摆动（关节型、并联型）方式实现。

在以上定位方式中，直角坐标型和并联型结构的机器人工作范围涵盖坐标轴的全部运动区域，故可进行如图 2-30 所示的全范围作业。

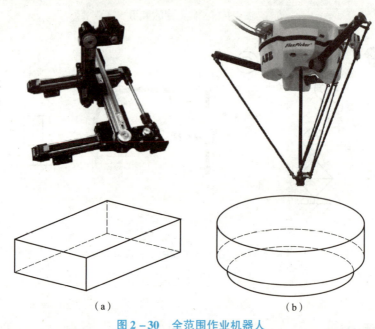

图 2-30 全范围作业机器人
(a) 直角坐标型；(b) 并联型

直角坐标型机器人（Cartesian Coordinate Robot）的参考点定位通过三轴直线运动实现，其作业空间为如图 2-30（a）所示的三维空间的实心立方体；并联型机器人（Parallel Robot）的参考点定位通过 3 个并联轴的摆动实现，其作业范围为如图 2-30（b）所示的三维空间的锥底圆柱体。

圆柱坐标型、球坐标型和关节型机器人的工作范围，需要去除机器人的运动死区，故只能进行如图 2-31 所示的部分空间作业。

圆柱坐标型机器人（Cylindrical Coordinate Robot）的参考点定位通过二轴直线加一轴回转摆动实现，其作业范围为如图 2-31（a）所示的三维空间的部分圆柱体；水平串联结构（SCARA 结构）机器人的定位方式与圆柱坐标型机器人类似，其作业范围同样为三维空间的部分圆柱体。球坐标型机器人（Polar Coordinate Robot）的参考点定位通过一轴直线加二轴回转摆动实现，其作业范围为如图 2-31（b）所示的三维空间的部分球体。垂直串联关节型机器人（Articulated Robot）的参考点定位通过三轴关节的回转摆动实现，其作业范围为如图 2-31（c）所示的三维空间的不规则球体。

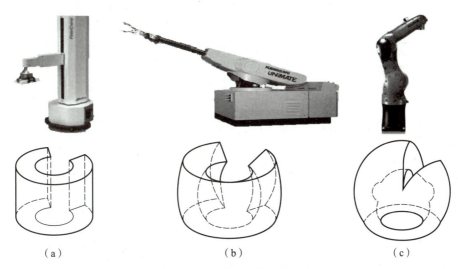

图 2-31 部分范围作业机器人
（a）圆柱坐标型；（b）球坐标型；（c）垂直串联关节型

2.4.4 其他指标

1. 承载能力

承载能力（Payload）是指机器人在作业空间内所能承受的最大负载，其含义与机器人类别有关，一般以质量、力、转矩等技术参数表示。例如，搬运、装配、包装类机器人指的是机器人能够抓取的物品质量；切削加工类机器人是指机器人加工时所能够承受的切削力；焊接、切割加工的机器人则指机器人所能安装的末端执行器质量等。

机器人的实际承载能力与机械传动系统结构、驱动电机功率、运动速度和加速度、末端执行器的结构与形状等诸多因素有关。对于搬运、装配、包装类机器人，产品样本和说明书中所提供的承载能力，一般是指不考虑末端执行器的结构和形状，假设负载重心位于参考点（手腕基准点）时，机器人高速运动可抓取的物品重量。当负载重心位于其他位置时，则需要以允许转矩（Allowable Moment）或图表形式，来表示重心在不同位置时的承载能力。

例如，承载能力为 6 kg 的 ABB 公司 IRB140 和安川公司 MH6 工业机器人，其承载能力随负载重心位置变化的规律如图 2-32 所示，其他公司的产品情况类似。

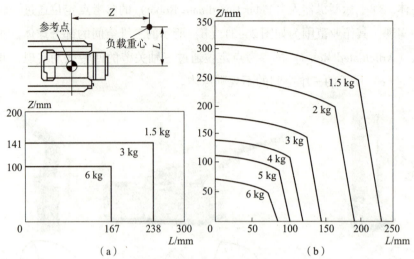

图 2-32　重心位置变化时的承载能力

(a) IRB140；(b) MH6

2. 运动速度

运动速度决定了机器人的工作效率，它是反映机器人水平的重要参数。样本和说明书中所提供的运动速度，一般是指机器人在空载、稳态运动时所能够达到的最大运动速度（Maximum Speed）。

机器人运动速度用参考点在单位时间内能够移动的距离（mm/s）、转过的角度或弧度（(°)/s 或 rad/s）表示，它按运动轴分别进行标注。当机器人进行多轴同时运动时，其空间运动速度应是所有参与运动轴的速度合成。

机器人的实际运动速度与机器人的结构刚性、运动部件的质量和惯量、驱动电机的功率、实际负载的大小等因素有关。对于多关节串联结构的机器人，越靠近末端执行器的运动轴，运动部件的质量、惯量就越小，因此，能够达到的运动速度就越快、加速度也越大；同样，越靠近安装基座的运动轴，对结构部件的刚性要求就越高，运动部件的质量、惯量就越大，能够达到的运动速度就越低、加速度也越小。

此外，机器人实际工作速度还受加速度的影响，特别在运动距离较短时，由于加减速的影响，机器人实际上可能达不到样本和说明书中的运动速度。

3. 定位精度

机器人的定位精度是指机器人定位时，执行器实际到达的位置和目标位置间的误差值，它是衡量机器人作业性能的重要技术指标。机器人样本和说明书中所提供的定位精度一般是各坐标轴的重复定位精度 RP（Repeat Positioning），在部分产品上，有时还提供了轨迹重复精度 PR（Path Repeatability）。

由于绝大多数机器人的定位需要通过关节的旋转和摆动实现，其空间位置的控制和检测，远远比以直线运动为主的数控机床困难得多，因此，机器人的位置测量方法和精度计算标准都与数控机床不同。目前，工业机器人的位置精度检测和计算标准一般采用 ISO 9283—1998《Manipulating industrial robots – Performance criteria and related test methods（操作型工业机器人性能标准和测试方法）》或 JIS B8432（日本）等；而数控机床则普遍使用 ISO 230-2、VDI/DGQ 3441（德国）、JIS B6336（日本）、NMTBA（美国）或 GB/T 10931（国标）等，两者的测量要求和精度计算方法都不相同，数控机床的标准要求高于机器人。

机器人的定位需要通过运动学模型来确定末端执行器的位置，其理论位置和实际位置之间本身就存在误差，加上结构刚性、传动部件间隙、位置控制和检测等多方面的原因，其定位精度与数控机床、三坐标测量机等精密加工、检测设备相比，还存在较大的差距，因此，它一般只能用作零件搬运、装卸、码垛、装配的生产辅助设备，或是用于位置精度要求不高的焊接、切割、打磨、抛光等粗加工。

第3章

工业机器人的机械结构

3.1 本体的结构形式

3.1.1 基本结构与特点

1. 基本说明

虽然工业机器人的形态各异,但其本体都是由若干关节和连杆通过不同的结构设计和机械连接所组成的机械装置。

在工业机器人中,水平串联 SCARA 结构的机器人多用于 3C 行业的电子元器件安装和搬运作业;并联结构的机器人多用于电子电工、食品药品等行业的装配和搬运。这两种结构的机器人大多属于高速、轻载工业机器人,其规格相对较少。机械传动系统以同步带(水平串联 SCARA 结构)和摆动(并联结构)为主,形式单一,维修、调整较容易。

垂直串联是工业机器人最典型的结构,它被广泛用于加工、搬运、装配、包装机器人。垂直串联工业机器人的形式多样、结构复杂,维修、调整相对困难,本章将以此为重点,来介绍工业机器人的机械结构及维修方法。

垂直串联结构机器人的各个关节和连杆依次串联,机器人的每一个自由度都需要由一台伺服电机驱动。因此,如将机器人的本体结构进行分解,它便是由若干台伺服电机经过减速器减速后驱动运动部件的机械运动机构的叠加和组合。

2. 基本结构

常用的小规格、轻量级垂直串联的六轴关节型工业机器人的基本结构如图 3-1 所示。这种结构的机器人的所有伺服驱动电机、减速器及其他机械传动部件均安装于内部,机器人外形简洁、防护性能好,机械传动结构简单、传动链短、传动精度高、刚性好,因此,被

图 3-1 基本结构

广泛用于中小型加工、搬运、装配、包装机器人，是小规格、轻量级工业机器人的典型结构。

机器人本体的内部结构示意如图 3-2 所示，机器人的运动主要包括整体回转（腰关节）、下臂摆动（肩关节）、上臂摆动（肘关节）及手腕运动。

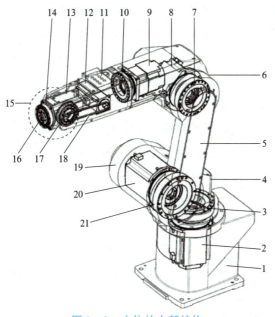

图 3-2 本体的内部结构

1—基座；4—腰关节；5—下臂；6—肘关节；11—上臂；15—腕关节；16—连接法兰；18—同步带；19—肩关节；2，8，9，12，13，20—伺服电机；3，7，10，14，17，21—减速器

机器人每一关节的运动都需要有相应的电机驱动，交流伺服电机是目前工业机器人最常用的驱动电机。交流伺服电机是一种用于机电一体化设备控制的通用电机，具有恒转矩输出特性，小功率的最高转速一般为 3 000~6 000 r/min，额定输出转矩通常在 30 N·m 以下。然而，机器人的关节回转和摆动的负载惯量大，最大回转速度低（通常为 25~100 r/min），加减速时的最大输出转矩（动载荷）需要达到几百甚至几万牛·米，故要求驱动系统具有低速、大转矩输出特性。因此，在机器人上，几乎所有轴的伺服驱动电机都必须配套结构紧凑、传动效率高、减速比大、承载能力强的 RV 减速器或谐波减速器，以降低转速和提高输出转矩。减速器是机器人的核心部件，如图 3-2 所示的六轴机器人，每一驱动轴也都安装有 1 套减速器。

在如图 3-2 所示的机器人上，手回转的伺服电机 13 和减速器 14 直接安装在手部工具安装法兰的后侧，这种结构传动简单、直接，但它会增加手部的体积和质量，并影响手的灵活性。因此，目前已较多地采用手回转驱动电机和减速器安装在上臂内部，然后通过同步带、伞齿轮等传动部件传送至手部的结构形式。

3. 主要特点

如图 3-2 所示的机器人，其所有关节的伺服电机、减速器等驱动部件都安装在各自的回转或摆动部位，除腕弯曲摆动使用了同步带外，其他关节的驱动均无中间传动部件，故称为直接传动结构。

直接传动的机器人，传动系统结构简单、层次清晰，各关节无相互牵连，不但可简化本体的机械结构、减少零部件、降低生产制造成本、方便安装调试，而且可缩短传动链，避免中间传动部件间隙、刚度对系统刚度、精度的影响，因此，其精度高、刚性好，安装方便。此外，由于机器人的所有驱动电机、减速器都安装在本体内部，因此机器人的外形简洁，整体防护性能好，安装运输也非常方便。

机器人采用直接传动也存在明显的缺点。首先，由于伺服电机、减速器都需要安装在关节部位，手腕、手臂内部需要有足够的安装空间，关节的外形、质量必然较大，导致机器人的上臂质量大、整体重心高，不利于高速运动。其次，由于后置关节的驱动部件需要跟随前置关节一起运动，例如，腕弯曲时，图 3-2 中的伺服电机 12 需要带动手回转的伺服电机 13 和减速器 14 一起运动；腕回转时，伺服电机 9 需要带动腕弯曲伺服电机 12 和减速器 17 以及手回转伺服电机 13 和减速器 14 一起运动等，为了保证手腕、上臂等构件有足够的刚性，其运动部件的质量和惯性必然较大，加重了伺服电机及减速器的负载。但是，由于机器人的内部空间小、散热条件差，它又限制了伺服电机和减速器的规格，加上电机和减速器的检测、维修、保养均较困难，因此，它一般用于承载能力 10 kg 以下、作业范围 1 m 以内的小规格、轻量级机器人。

3.1.2 其他常见结构

1. 连杆驱动结构

用于大型零件重载搬运、码垛的机器人，由于负载的质量和惯性大，驱动系统必须能提供足够大的输出转矩，才能驱动机器人运动，故需要配套大规格的伺服驱动电机和减速器。此外，为了保证机器人运动稳定、可靠，就需要降低重心、增强结构稳定性，并保证机械结构件有足够的体积和刚性，因此，一般不能采用直接传动结构。

图 3-3 所示为大型、重载搬运和码垛的机器人常用结构。大型机器人的上、下臂和手腕的摆动一般采用平行四边形连杆机构进行驱动，其上、下臂摆动的驱动机构安装在机器人的腰部；手腕弯曲的驱动机构安装在上臂的摆动部位；全部伺服电机和减速器均为外置；它可以较好地解决上述直接传动结构所存在的传动系统安装空间小、散热差，伺服电机和减速器检测、维修、保养困难等问题。

采用平行四边形连杆机构驱动，不仅可以加长上、下臂和手腕弯曲的驱动力臂、放大驱动力矩，同时，由于驱动机构安装位置下移，也可降低机器人重心、提高运动稳定性，因此，它较好地解决直接传动所存在的上臂质量大、重心高，高速运动稳定性差的问题。

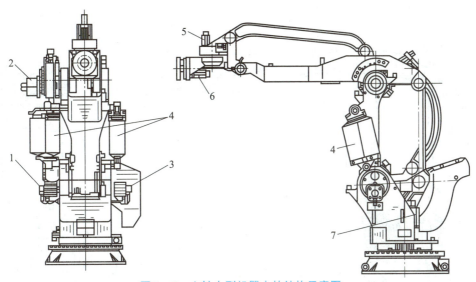

图 3-3 六轴大型机器人的结构示意图

1—下臂摆动电机；2—腕弯曲电机；3—上臂摆动电机；4—平行缸；
5—腕回转电机；6—手回转电机；7—腰部回转电机

采用平行四边形连杆机构驱动的机器人刚性好、运动稳定、负载能力强，但是，其传动链长、传动间隙较大，定位精度较低，因此，适合于承载能力超过 100 kg、定位精度要求不高的大型、重载搬运、码垛机器人。

平行四边形的连杆的运动可直接使用滚珠丝杠等直线运动部件驱动；为了提高重载稳定性，机器人的上、下臂通常需要配置液压（或气动）平衡系统。

对于要求固定作业的大型机器人，有时也采用如图 3-4 所示的五轴结构，这种机器人的结构特点是，除手回转驱动机构外，其他轴的驱动机构全部布置在腰部，因此，其稳定性更好；但由于机器人的手腕不能回转，故多适合于平面搬运、码垛作业。

2. 手腕后驱结构

大型机器人较好地解决了上臂质量大、整体重心高，驱动电机和减速器安装内部空间小、散热差，检测、维修、保养困难的问题，但机器人的体积大、质量大；特别是上臂和手腕的结构松散，因此，一般只用于作业空间敞开的大型、重载平面搬运、码垛机器人。

为了提高机器人的作业性能，便于在作业空间受限的情况下进行全方位作业，绝大多数机器人都要求其上臂具有紧凑的结构，并能使手腕在上臂整体回转，为此，经常采用图 3-5 所示的手腕伺服电机后置的结构形式。

采用手腕驱动电机后置结构的机器人，其手腕回转、腕弯曲和手回转驱动的伺服电机全部安装在上臂的后部，驱动电机通过安装在上臂内部的传动轴，将动力传递至手腕前端，这样不仅解决了如图 3-2 所示的直接传动结构所存在的驱动电机和减速器安装空间小、散热差，以及检测、维修、保养困难问题，而且可使上臂的结构紧凑、重心后移（下移），上

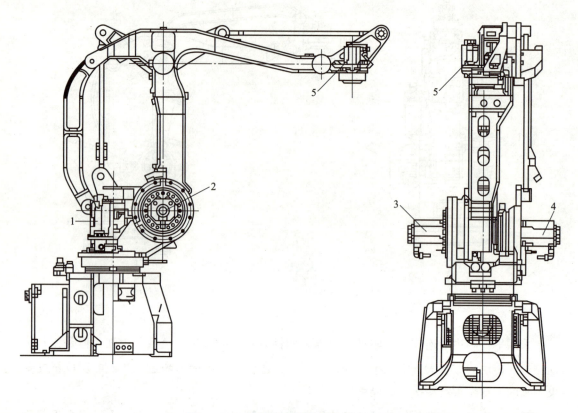

图 3-4 五轴大型机器人的结构示意图
1—腰部回转电机；2—下臂摆动电机；3—上臂摆动电机；4—腕弯曲电机；5—手回转电机

臂的重力平衡性更好，运动更稳定。同时，它又解决了大型机器人上臂和手腕结构松散、手腕不能整体回转等问题，其承载能力同样可满足大型、重载机器人的要求。因此，这也是一种常用的典型结构，它被广泛用于加工、搬运、装配、包装等机器人。

手腕驱动电机后置的机器人需要在上臂内部布置手腕回转、腕弯曲和手扭转驱动的传动部件，其内部结构较为复杂。

3.1.3 埃夫特 ER3A - C60 本体分析以及传动方式介绍

1. 本体分析

如图 3-6 所示，埃夫特 ER3A - C60 本体主要包含两部分，分别为机械本体部分以及管线包部分。管线包部分串接于本体内部，其主要由电机动力线、编码线、I/O 信号接口线、管线接头以及气管组成。机械本体部分则主要划分为 4 个小部分，分别为底座部分、大臂部分、小臂部分以及手腕部分。各部分的组成及实物图如表 3-1～表 3-4 所示。

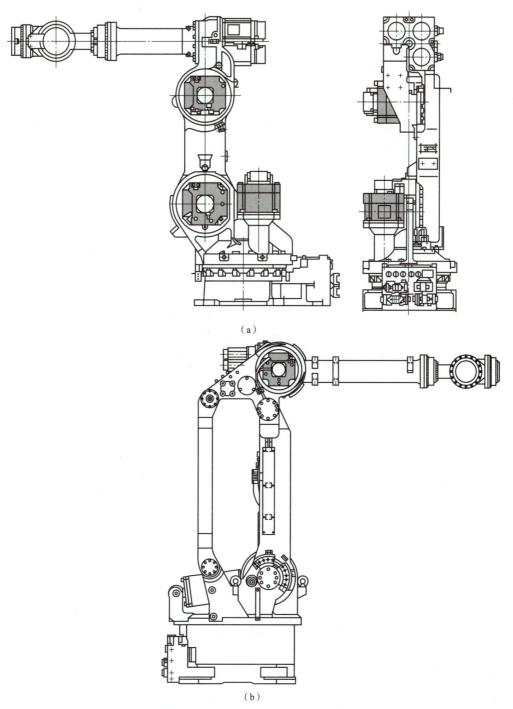

图 3-5　手腕后驱机器人的结构示意图
(a) 基本结构；(b) 连杆驱动结构

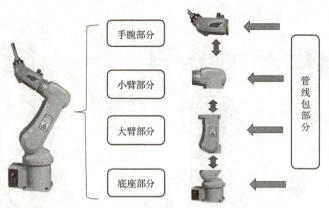

图 3-6 埃夫特 ER3A-C60 本体

表 3-1 底座部分

底座部分
底座部分主要由底座、转座、1 轴电机减速机、2 轴电机减速机以及盖板等其他零件组成  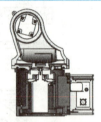 

表 3-2 大臂部分

大臂部分
大臂部分主要由 3 轴电机、减速机、大臂 1、大臂 2 以及盖板等其他零件组成   

表 3-3 小臂部分

小臂部分
小臂部分主要由 4 轴电机、减速机、电机座、电机过渡板以及盖板等其他零件组成   

表 3-4　手腕部分

手腕部分	
手腕部分主要由 5 轴电机减速机、6 轴电机减速机、手腕连接体、手腕体 1、手腕体 2 以及盖板等其他零件组成	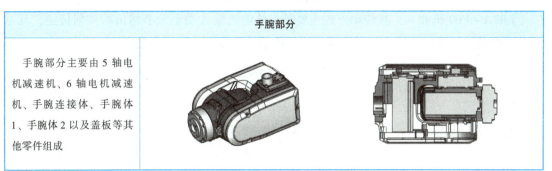

2. 管线包部分

管线包部分的组成如图 3-7 所示。

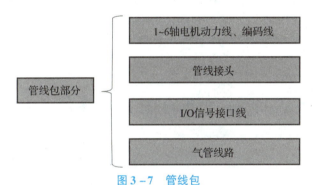

图 3-7　管线包

管线分布示意图如图 3-8 所示。

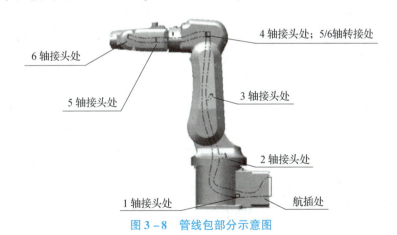

图 3-8　管线包部分示意图

如图 3-8 所示，管线包分为两部分，从 4、5、6 轴接头处分为上下两部分，下部分有两分支分别接到 3 轴接头处以及 2 轴接头处，最后汇接于航插处；上部分也有两分支，分别分接于 5 轴接头处以及 6 轴接头处。

3. 传动方式介绍

ER3A – C60 机器人，其传动方式主要是指从电机输入端至关节输出端如何传递，其基本分为两种，电机直连减速机以及电机—带传动—减速机，具体参见表 3 – 5。

表 3 – 5 传动方式

	轴数	传动方式	关节处
各轴传动方式介绍	1 轴	伺服电机直连谐波减速机	底座—转座
	2 轴	伺服电机直连谐波减速机	底座部分—大臂部分
	3 轴	伺服电机—同步带传动—谐波减速机	大臂部分—小臂部分
	4 轴	伺服电机—同步带传动—谐波减速机	小臂部分—手腕部分
	5 轴	伺服电机—同步带传动—谐波减速机	手腕体—手腕连接体
	6 轴	伺服电机直连谐波减速机	手腕连接体—执行末端

3.2　ER3A – C60 工业机器人机身结构及拆卸分析

3.2.1　拆卸分析

拆卸工具：内六角扳手一副、力矩扳手一副配内六角力矩批头（φ5 mm、φ8 mm、φ10 mm、φ12 mm、φ16 mm 等）、活动扳手一副、斜口钳一把、拔销器一副。

如图 3 – 9 所示，根据管线包结构，先将本体拆卸为上下两部分，分别为底座 - 大臂部分以及小臂 - 手腕部分，再分别对两部分进行分拆。

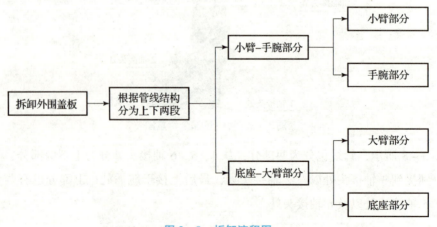

图 3 – 9　拆卸流程图

3.2.2 总体分拆

如图 3-10 所示,分别拆卸外围盖板,标记处为电机接头处。电机接头示意图如图 3-11 所示。

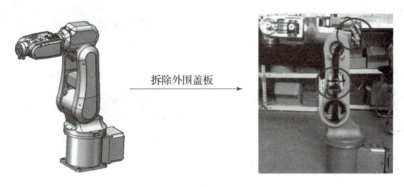

图 3-10 拆卸盖板示意图

图 3-11 电机接头示意图

因 4 轴电机阻隔,如图 3-12 所示,先拆除 4 轴电机部分,分离相应电机接头。

图 3-12 4 轴电机拆卸图

如图 3-13 所示,拆卸小臂处线缆固定钣金,即可将线缆抽出,如图 3-14 所示。

如图 3-15 所示,分离大臂处钣金,再拆卸 3 轴关节处螺钉,可分离本体为上下两部分,至此总体分拆完毕。

 拆除线缆固定钣金

(1)

 拆除线缆固定钣金

(2)

 抽出钣金,分离管线

(3)

图 3-13　小臂处钣金拆卸示意图

图 3-14　线缆拆除示意图

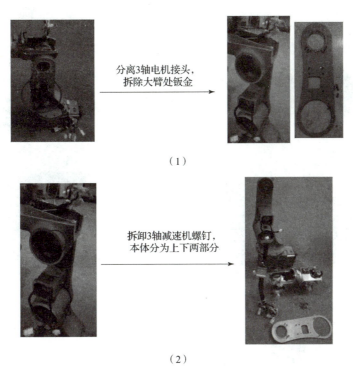

（1）

（2）

图 3-15　总体分拆示意图

3.2.3　大臂-底座分拆

如图 3-16 所示，拆卸 2 轴关节处螺钉，分离底座部分与大臂部分，下面分别针对底座部分与大臂部分再继续进行分拆。

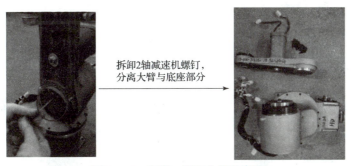

图 3-16　大臂-底座分拆示意图

根据图 3-17 以及图 3-18 所示，可分别拆卸 3 轴电机罩以及 3 轴电机部分。

根据图 3-19，可完成对 3 轴减速机部分的拆卸，拆卸时应当注意，3 轴波发生器只能按规定方向拆出（装配时，也只能从拆出方向装入），切不可从背面拆出！否则会造成减速机柔轮损坏。

图 3-17 3 轴电机罩拆卸示意图

图 3-18 3 轴电机部分拆卸示意图

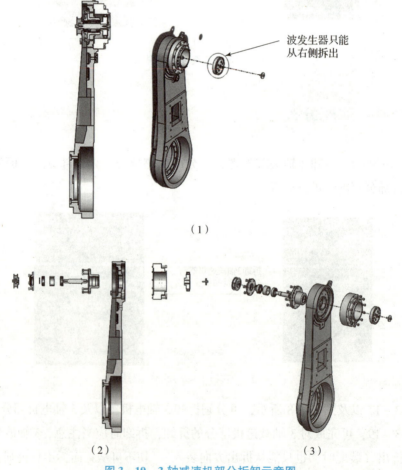

（1）

（2）　　　　　　　　　（3）

图 3-19 3 轴减速机部分拆卸示意图

注：拆卸波发生器时，需用到拔销器或相应工装，如图3-20（a）所示为借助相应工装拆卸，图3-20（b）为借用波发生器上螺纹孔，采用拔销器也可将波发生器拆出。

图3-20 3轴波发生器拆卸示意图

由上可完成对大臂部分的拆卸，下面继续完成底座部分的拆卸。

如图3-21所示，先将2轴电机后端塑料件拆出，再从正前方拆出减速机锁紧垫片，而后将波发生器从右侧拆出。应当注意，波发生器只能从右侧拆出或装入，切不可从反面装入或拆出，否则会造成减速机柔轮损坏。具体拆卸，参见图3-21（3），借助专用工装或者用拔销器均可拆卸。

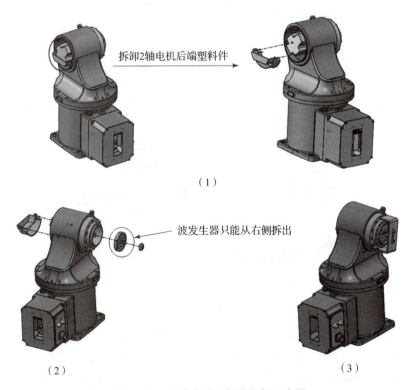

图3-21 2轴减速机部分拆卸示意图

根据图3-22，可完成2轴电机以及减速机部分的拆卸，应当注意，拆卸后应保管好相应O形圈，避免装配时丢失。

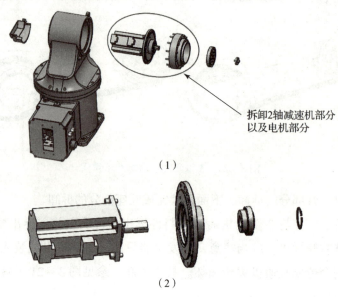

图 3-22　2 轴电机－减速机部分拆卸示意图

根据图 3-23，可拆卸相应铸件以及钣金。

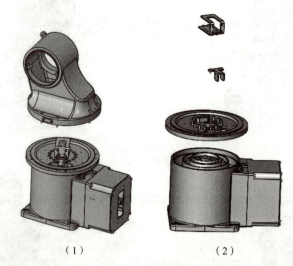

图 3-23　底座部分铸件－钣金拆卸示意图

根据图 3-24，可分离 1 轴电机接头以及底座旋转保护套。

根据图 3-25，可分别完成对 1 轴电机以及减速机的拆卸。其中，拆卸 1 轴减速机波发生器时应当注意，波发生器只能从上端拆出或装入，切不可从背面拆出或装入，否则会造成 1 轴减速机柔轮损坏！（注：波发生器拆卸与 3 轴类似）

第 3 章　工业机器人的机械结构

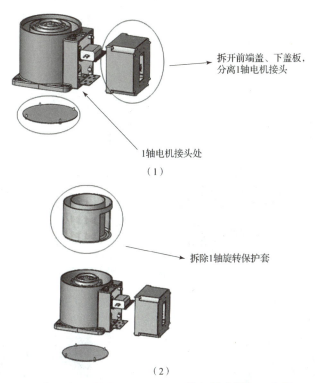

图 3-24　1 轴电机接头以及旋转保护套拆卸示意图

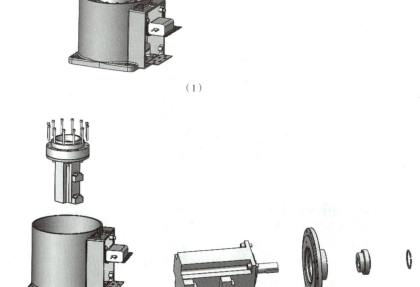

图 3-25　1 轴电机-减速机拆卸示意图

61

由上可完成底座部分以及大臂部分的拆卸，下面继续完成小臂部分以及手腕部分的拆卸。

3.2.4　小臂–手腕分拆

如图3-26所示，先分离5/6轴电机接头，并拆除线缆支架。

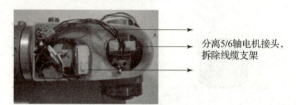

图3-26　5/6轴电机接头拆卸示意图

根据图3-27，拆卸出手腕体2。

图3-27　手腕体2拆卸示意图

根据图3-28，可分离5轴电机部分。

（1）

（2）　　　　　　　　　　（3）

图3-28　5轴电机拆卸示意图

根据图3-29，拆卸圈标记处钣金，并剪断该处扎带，分离出线缆固定钣金。

（1）　　　　　　　　　　　　（2）

图3-29　手腕钣金拆卸示意图

如图3-30所示，拆卸圈标记处螺钉，将手腕体拔出，即可分离小臂部分与手腕部分。下面继续对小臂以及手腕部分完成分拆。

根据图3-31，先拆卸减速机前段法兰连接件，再将4轴减速机部分拆出。至此，完成对小臂部分的拆卸。4轴减速机为整体式，不可再对4轴减速机进行拆卸。

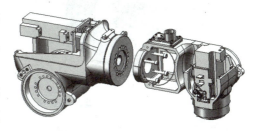

图3-30　手腕-小臂拆卸示意图

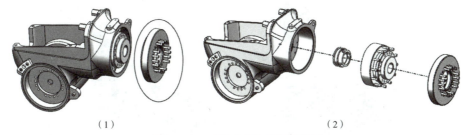

（1）　　　　　　　　　　　　（2）

图3-31　4轴减速机拆卸示意图

如图3-32所示，拆卸减速机固定螺钉，拔出6轴减速机。注：拆卸人员拆卸前需准确判断哪些螺钉为减速机固定螺钉，哪些螺钉为减速机自身结构螺钉。减速机自身结构螺钉不可拆卸。

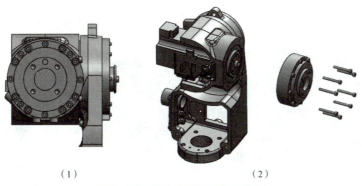

（1）　　　　　　　　　　　　（2）

图3-32　6轴减速机拆卸示意图

根据图 3-33，将 6 轴波发生器拆除，拆卸波发生器时，需借助拔销器。（注：波发生器拆卸与 3 轴类似）

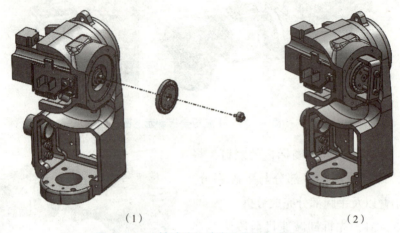

（1）　　　　　　　　　　　　　（2）

图 3-33　6 轴减速机波发生器拆卸示意图

如图 3-34 所示，先将线缆固定支架拆除，再将 6 轴电机安装螺钉拆除，即可拔出 6 轴电机。

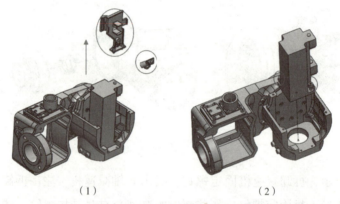

（1）　　　　　　　　　　　　　（2）

图 3-34　6 轴电机拆卸示意图

根据图 3-35，分别拆卸 5 轴减速机螺钉，可分别将铸件手腕连接体以及 5 轴减速机拆除，5 轴减速机也为整体式减速机，不可再对 5 轴减速机继续分拆。

（1）　　　　　　　　　　　　　（2）

图 3-35　5 轴减速机拆卸示意图

由上，完成对本体部分的全部拆卸，应该注意，在拆卸后应保管好相应位置处螺钉、O形圈、带轮、皮带等各种细小零件，避免在二次装配时，丢失零件。

注：由上所述，均为拆卸指导示意图，实际在拆卸的过程中，需结合实际情况进行拆卸。

3.3 ER3A – C60 控制柜结构

3.3.1 控制柜系统

机器人机械系统由伺服电机控制运动，而该电机则由 EFORT – C60 系列控制系统控制。EFORT – C60 系列控制系统对机械手以及示教器传输的数据进行运算处理，最终控制机械手的运动。如图 3 – 36 所示为 EFORT – C60 系统紧凑型控制柜。

图 3 – 36　EFORT – C60 系统紧凑型控制柜

EFORT – C60 系统紧凑型控制柜的各部件组成如图 3 – 37 ~ 图 3 – 39 所示。

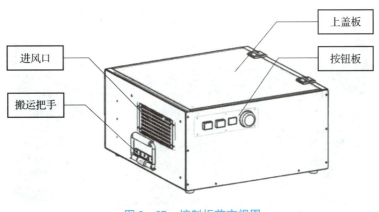

图 3 – 37　控制柜前方视图

EFORT – C60 系统紧凑型控制柜前后面板按钮功能介绍如图 3 – 40、图 3 – 41 和表 3 – 6 所示。

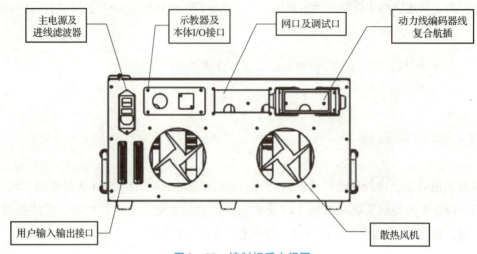

图 3 – 38　控制柜后方视图

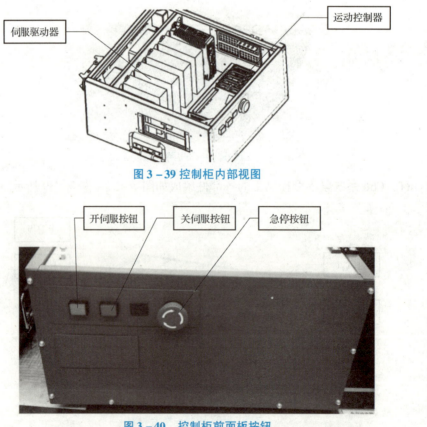

图 3 – 39　控制柜内部视图

图 3 – 40　控制柜前面板按钮

图 3-41 控制柜后面板按钮

表 3-6 控制柜按钮功能介绍

紧停按钮	机器人出现意外故障时需要紧急停止时按下该按钮，可以切断机器人驱动器主电而停止
关伺服按钮	按下该按钮时驱动器主电断开
开伺服按钮	当开伺服按钮按下并且绿灯点亮后，伺服驱动器得电
电源开关	控制柜电源开关，按下该按钮切断控制柜总电源

3.3.2 EFORT-C60 系列机器人示教器的介绍

1. 示教器布局图

示教器是机器人的人机交互接口，机器人的所有操作基本上都是通过示教器来完成的，如点动机器人，编写、调试和运行机器人程序，设定、查看机器人状态信息和位置等。EFORT-C60 系列机器人的示教器 GRP2000 如图 3-42 所示。

EFORT-C60 系列机器人的示教器可在恶劣的工业环境下持续运行，其触摸屏易于清洁，且防水、防油、防溅锡。

2. 按键的表示

（1）示教器上的按键用【】表示：例如急停键用【急停】键来表示。

移动键分别用【上移】键、【下移】键、【左移】键、【右移】键来表示。图 3-43 所示为 4 个移动键。

（2）轴操作键和数值键：多个键总体称呼时，分别称作轴操作键和数值键，如图 3-44 所示。

（3）同时按键：两个键同时按下时，表示为【上档】+【2】。

（4）界面按钮使用 {} 表示：例如在图 3-45 所示按钮中，程序按钮表示为 {程序}。

3. 按键的功能

图 3-46 所示的示教器功能键区的各个按键，其功能介绍如表 3-7 所示。

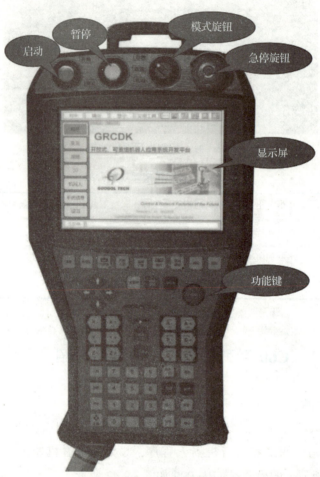

图 3-42 示教器布局图

图 3-43 移动键

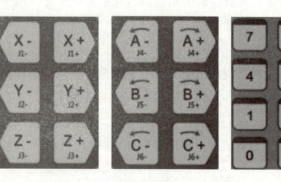

图 3-44 轴操作键和数值键

第 3 章 工业机器人的机械结构

图 3-45 界面按钮

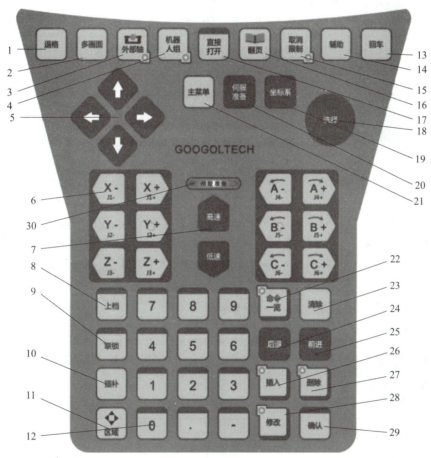

图 3-46 示教器功能键区放大图

表 3-7 按键功能介绍

ID	按键	功能
0	急停键	按下此键，伺服电源切断。 切断伺服电源后，示教器的【伺服准备】指示灯熄灭，屏幕上显示急停信息。 故障排除后，可打开急停键，【急停】按钮打开后方可继续接通伺服电源。 此键按下后将不能打开伺服电源。 打开急停键的方法：顺时针旋转至急停键弹起，伴随"咔"的声音，此时表示【急停】按钮已打开。
	模式旋钮 示教 回放 远程	可选择回放模式、示教模式或远程模式。 示教（TEACH）：示教模式 可用示教器进行轴操作和编辑（在此模式中，外部设备发出的工作信号无效）。 回放（PLAY）：回放模式 可对示教完的程序进行回放运行。 远程（REMOTE）：远程模式 可通过外部 TCP/IP 协议、I/O 进行启动示教程序操作。
	启动 START	按下此按钮，机器人开始回放运行。 回放模式运行中，此指示灯亮起。 通过专用输入的启动信号使机器人开始回放运行时，此指示灯亮起。 按下此按钮前必须把模式旋钮设定到回放模式；确保示教器的【伺服准备】指示灯亮起。
	暂停 HOLD	按下此键，机器人暂停运行。 此键在任何模式下均可使用。 示教模式下：此灯被按下时灯亮，此时机器人不能进行轴操作。 回放模式下：此键指示灯按下一次后即可进入暂停模式，此时智停指示灯亮起，机器人处于暂停状态。按下示教器上的【启动】按钮，可使机器人继续工作。
	三段开关	按下此键，伺服电源接通。 操作前必须先把模式旋钮设定在示教模式→点击示教器上的【伺服准备】键（【伺服准备】指示灯处于闪烁状态）→轻轻握住【三段开关】，伺服电源接通（【伺服准备】指示灯处于常亮状态）。此时若用力握紧，则伺服电源切断。 如果不按示教器上的【伺服准备】键，即使轻握【三段开关】，伺服电源也无法接通。
1	退格	输入字符时，删除最后一个字符。
2	多画面	功能预留。

第 3 章　工业机器人的机械结构

续表

ID	按键	功能
3	外部轴	按此键时,在焊接工艺中可控制变位机的回转和倾斜。 当需要控制的轴数超过 6 时,按下此键(按钮右下角的指示灯亮起),此时控制 1 轴即为控制 7 轴,2 轴即为 8 轴,以此类推。
4	机器人组	功能预留。
5	移动键	按此键时,光标朝箭头方向移动。 此键组必须使用在示教模式下。 根据画面的不同,光标可移动的范围有所不同。 在子菜单和指令列表操作时可打开下一级菜单和返回上一级菜单。
6	轴操作键	对机器人各轴进行操作的键。 此键组必须使用在示教模式下。 可以按住两个或更多的键,操作多个轴。 机器人按照选定坐标系和手动速度运行,在进行轴操作前,请务必确认设定的坐标系和手动速度是否适当。 操作前需确认机器人示教器上的【伺服准备】指示灯亮起。
7	手动速度键	手动操作时,机器人运行速度的设定键。 此键组必须使用在示教模式下。 此时设定的速度在使用轴操作键和回零时有效。 手动速度有 8 个等级,即微动 1%、微动 2%、低 5%、低 10%、中 25%、中 50%、高 75%、高 100%。 【高速】:微动 1%→微动 2%→低 5%→低 10%→中 25%→中 50%→高 75%→高 100%; 【低速】:高 100%→高 75%→中 50%→中 25%→低 10%→低 5%→微动 2%→微动 1%。 被设定的速度显示在状态区域。
8	上档	可与其他键同时使用。 此键必须使用在示教模式下。 【上档】+【联锁】+【清除】:可退出机器人控制软件进入操作系统界面。 【上档】+【2】:可实现在程序内容界面下查看运动指令的位置信息,再次按下可退出指令查看功能。 【上档】+【4】:可实现机器人 YZ 平面自动平齐。 【上档】+【5】:可实现机器人 XZ 平面自动平齐。 【上档】+【6】:可实现机器人 XY 平面自动平齐。 【上档】+【9】:可实现机器人快速回零位。 【上档】+【翻页】:可实现在选择程序和程序内容界面返回上一页。 自动平齐功能详见"自动平齐"章节。

续表

ID	按键	功能
9	联锁	辅助键，与其他键同时使用。 此键必须使用在示教模式下。 【联锁】+【前进】：在程序内容界面下按照示教的程序点轨迹进行连续检查。 在位置型变量界面下实现位置型变量检查功能，具体操作见位置型变量。 【上档】+【联锁】+【清除】：可退出程序。
10	插补	机器人运动插补方式的切换键。 此键必须使用在示教模式下。 所选定的插补方式、种类显示在状态显示区，详见"状态显示区"章节。 每按一次此键，插补方式做如下变化： MOVJ→MOVL→MOVC→MOVP→MOVS
11	区域	按下此键，选中区在"主菜单区"和"通用显示区"间切换。 此键必须使用在示教模式下。
12	数值键	按数值键可输入键的数值和符号。 此键组必须使用在示教模式下。 "."是小数点，"－"是减号或连字符。 数值键也可作为用途键来使用。
13	回车	在操作系统中，按下此键表示确认的作用，能够进入选择的文件夹或选定的文件。
14	辅助	功能预留。
15	取消限制	运动范围超出限制时，取消范围限制，使机器人继续运动。 此键必须使用在示教模式下。 取消限制有效时，按钮右下角的指示灯亮起，当运动至范围内时，该灯自动熄灭。 若取消限制后仍存在报警信息，请在指示灯亮起的情况下按下【清除】键，待运动到范围限制内继续下一步操作。
16	翻页	按下此键，实现在选择程序和程序内容界面中显示下一页的功能。 此键必须使用在示教模式下。

续表

ID	按键	功能
17	直接打开	在程序内容页，按下此键可直接查看运动指令的示教点信息。 此键必须使用在示教模式下。
18	选择	进行软件界面菜单操作时，可选中"主菜单""子菜单"。进行指令列表操作时，可选中指令。 此键必须使用在示教模式下。
19	坐标系	该键是手动操作时，机器人的动作坐标系选择键。 此键必须使用在示教模式下。 可在关节、机器人、世界、工件、工具坐标系中切换选择。此键每按一次，坐标系按以下顺序变化： 关节→机器人→世界→工具→工件1→工件2，被选中的坐标系显示在状态区域。
20	伺服准备	按下此键，伺服电源有效接通。 由于急停等原因伺服电源被切断后，用此键有效地接通伺服电源。 回放模式和远程模式时，按下此键后，【伺服准备】指示灯亮起，伺服电源被接通。 示教模式时，按下此键后，【伺服准备】指示灯闪烁，此时轻握示教器上的【三段开关】，【伺服准备】指示灯亮起，表示伺服电源被接通。
21	主菜单	显示主菜单。 此键必须使用在示教模式下。
22	命令一览	按此键后显示可输入的指令列表。 此键必须使用在示教模式下。 此键使用前必须先进入程序内容界面。
23	清除	清除"人机交互信息"区域的报警信息。 此键必须使用在示教模式下。
24	后退	按住此键时，机器人按示教的程序点轨迹逆向运行。 此键必须使用在示教模式下。

续表

ID	按键	功能
25	前进	伺服电源接通状态下，按住此键时，机器人按示教的程序点轨迹单步运行。此键必须使用在示教模式下。 同时按下【联锁】+【前进】键时，机器人按示教的程序点轨迹连续运行。
26	插入	按下此键，可插入新程序点。 此键必须使用在示教模式下。 按下此键，按键左上侧指示灯点亮，按下【确认】键，插入完成，指示灯熄灭。
27	删除	按下此键，删除已输入的程序点。 此键必须使用在示教模式下。 按下此键，按键左上侧指示灯点亮，按下【确认】键，删除完成，指示灯熄灭。
28	修改	按下此键，可修改示教的位置数据、指令参数等。 此键必须使用在示教模式下。 按下此键，按键左上侧指示灯点亮，按下【确认】键，修改完成，指示灯熄灭。
29	确认	配合【插入】、【删除】、【修改】按键使用。 此键必须使用在示教模式下。 当【插入】、【删除】、【修改】键左上侧的指示灯亮起时，按下此键完成插入、删除、修改等操作的确认。
30	伺服准备指示灯	【伺服准备】按钮的指示灯。 在示教模式下，单击【伺服准备】按钮，此时指示灯会闪烁。轻握【三段开关】后，指示灯会亮起，表示伺服电源接通。 在回放和远程模式下，单击【伺服准备】按钮，此灯会亮起，表示伺服电源接通。

3.4 其他典型结构

3.4.1 RRR/BRR 手腕结构

1. 手腕外观

采用 RRR（3R）或 BRR 结构手腕的机器人，其手腕上的 3 个运动轴 R、B、T 依次为回转轴、回转轴、回转轴，或摆动轴、回转轴、回转轴。手腕外观如图 3-47 所示。

RRR（3R）结构的手腕有 3 个回转轴，其回转范围通常不受限制，手腕结构紧凑、动作灵活；但 3 个回转轴中心线相互不垂直，控制难度相对较大。BRR 结构的手腕由 1 个摆动轴和 2 个回转轴组成，其回转中心线相互垂直，并和三维空间的坐标轴一一对应，其操作简单、控制容易，但手腕的外形较大、结构相对松散，故多用于大型、重载的工业机器人。

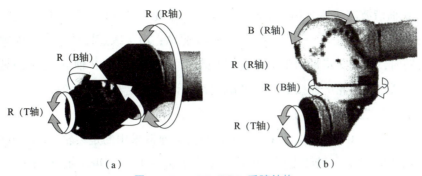

图 3-47　RRR/BRR 手腕结构

(a) RRR 手腕；(b) BRR 手腕

RRR（3R）或 BRR 结构手腕的共同点是，手腕的 B、T 轴均为 360°回转轴，因此，其前端 B、T 轴的结构基本相同。RRR（3R）手腕的 R 轴同样为 360°回转轴，其结构与后驱 RBR 手腕的 R 轴基本一致。BRR 结构手腕的 R 轴为摆动轴，其结构则类似于后驱 RBR 手腕的 B 轴。

2. B/T 轴结构

RRR（3R）或 BRR 结构手腕的 B、T 轴一般采用串联式结构，其轴心线相互垂直，手腕的典型结构如图 3-48 所示。

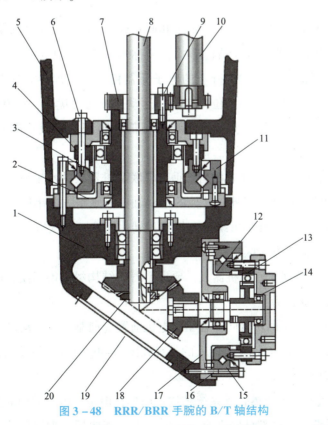

图 3-48　RRR/BRR 手腕的 B/T 轴结构

1—T 轴安装座；2，17—壳体；3，12—柔轮；4，13—刚轮；5—手腕体；6，9，16—螺钉；7—直齿轮；8—T 轴；10—B 轴；11，15—CRB；14—安装法兰；18—伞齿轮；19—端盖；20—螺母

图中的 B 轴谐波减速器采用的是刚轮 4 固定、柔轮 3 及壳体 2 回转的安装方式。谐波发生器的输入来自直齿轮 7，直齿轮 7 由 B 轴 10 驱动；由于减速器的刚轮 4 被固定，当谐波发生器旋转时，柔轮 3 将带动 T 轴安装座 1 减速回转。图中的 B 轴 10 采用的是偏心布置的实心轴，它通过直齿轮 7 连接 B 轴谐波减速器的谐波发生器输入，但也可以采用和 T 轴同心的空心轴、花键连接的结构。

手回转轴 T 安装在 T 轴安装座 1 上，T 轴谐波减速器采用的是柔轮 12 及壳体 17 固定、刚轮 13 回转的安装方式。谐波发生器的输入来自伞齿轮 18，伞齿轮 18 由 T 轴 8 驱动；由于减速器的柔轮 12 和壳体 17 被固定，当谐波发生器旋转时，刚轮 13 将带动末端执行器安装法兰 14 减速回转。

为了提高手腕的刚度，B、T 轴的谐波减速器输出均采用了可同时承受径向和轴向载荷的 CRB。

3.4.2 前驱 SCARA 结构

1. 结构特点

SCARA（Selective Compliance Assembly Robot Arm，平面关节型机器人）是日本山梨大学在 1978 年发明的一种机器人结构形式，又称水平串联（Horizontal Articulated）结构机器人。SCARA 机器人最初为 3C 行业的电子元器件安装、焊接等作业研制，它具有结构简单、控制容易、垂直方向的定位精度高、运动速度快等优点，但其作业局限性较大，故多用于 3C 行业的电子元器件安装、小型机械部件装配等轻载、高速平面装配和搬运作业。

在机械结构上，SCARA 机器人相当于垂直串联型机器人的水平放置，它除手腕的升降通过滚珠丝杠驱动的垂直轴实现外，其他的运动轴都沿水平方向串联延伸布置，摆臂的各关节轴线相互平行，每一摆臂都可绕垂直轴线回转；因此，其摆臂的机械传动系统结构与前述的垂直串联型机器人有所区别。

SCARA 机器人一般属于轻量机器人，要求手臂的结构尽可能紧凑，因此，通常以使用薄型、超薄型谐波减速器为主。

SCARA 机器人的水平回转臂同样有驱动电机前置（前驱）和驱动电机后置（后驱）两种常见的结构形式。前驱 SCARA 机器人的外观如图 3-49 所示，各段摆臂的驱动电机均安装在相应的关节部位。

前驱 SCARA 机器人的机械传动系统结构较简单，但是，由于悬伸的摆臂需要承担驱动电机的质量，对手臂的机械部件刚性有一定的要求，其体积、质量均较大，机器人的整体结构较松散，一般适合于上部作业空间不受限制的平面装配、搬运和焊接等作业。

2. 典型结构

驱动电机安装于关节部位的双摆臂的前驱 SCARA 机器人的典型传动系统结构如图 3-50 所示。对于有 C3 轴的 4 轴、3 摆臂 SCARA 机器人,只需要在 C2 轴摆臂的前端继续安装与 C2 轴类似的 C3 轴传动系统。在如图 3-50 所示的前驱 SCARA 机器人上,C1 轴的驱动电机 4 利用过渡板 3,直立安装在减速器安装板 29 的下方;C2 轴的伺服电机 18 利用过渡板 16,倒置安装在 C1 轴摆臂 7 前端上方关节处。

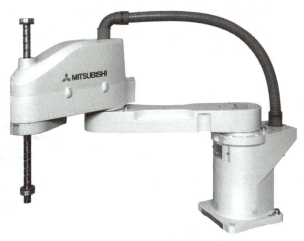

图 3-49 前驱 SCARA 机器人的外观

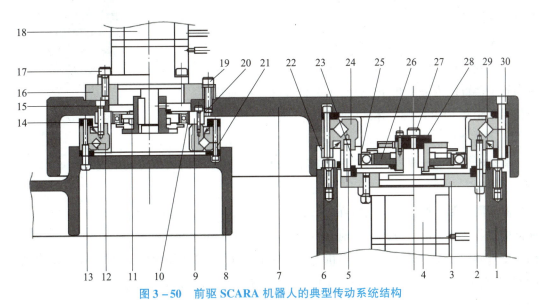

图 3-50 前驱 SCARA 机器人的典型传动系统结构

1—机身;2,5,6,13,15,17,19,20,21,27,30—螺钉;3,16—过渡板;4,18—伺服电机;
7—C1 轴摆臂;8—C2 轴摆臂;9,23—刚轮;10,25—柔轮;11,26—谐波发生器;12,24——CRB;
14,22—固定环;28—固定板;29—减速器安装板

C1 轴减速器采用的是刚轮固定、柔轮输出的薄型谐波减速器,其谐波发生器 26 的输入轴,通过键及端面固定板 28 和驱动电机 4 的输出轴连接;减速器的刚轮 23、CRB 24 的

内圈均固定在减速器安装板 29 的上方。减速器的柔轮 25 和 CRB 24 的外圈、固定环 22 间通过螺钉 6 连接后,再通过螺钉 30 固定 C1 轴摆臂 7。因此,当伺服电机 4 旋转时,谐波减速器的柔轮 25 将驱动 C1 轴摆臂 7 摆动。

C2 轴的传动系统结构和 C1 轴类似。伺服电机 18 利用过渡板 16,倒置安装在 C1 轴摆臂 7 的上方。C2 轴减速器采用的同样是刚轮固定、柔轮输出的谐波减速器,其谐波发生器 11 的输入轴和驱动电机 18 的输出轴间直接使用键连接;减速器的刚轮 9、CRB 12 的内圈均固定在 C1 轴摆臂 7 上。减速器的柔轮 10 和 CRB 12 的外圈、固定环 14 间,通过螺钉 21 连接后,再通过螺钉 13 安装 C2 轴摆臂 8。因此,当伺服电机 18 旋转时,谐波减速器的柔轮 10,将驱动 C2 轴摆臂 8 摆动。

3.4.3 后驱 SCARA 结构

1. 结构特点

后驱 SCARA 机器人的摆臂驱动电机都安装在机身上,机器人的外观如图 3-51 所示。

后驱 SCARA 机器人的摆臂结构紧凑、体积小、质量轻、动作迅捷,特别适合于上部作业空间受限制的 3C 行业电子元器件平面装配、搬运和焊接等作业。

SCARA 机器人属于轻量级机器人,为了尽可能缩小摆臂体积和厚度,机器人一般需要采用同步带传动,同步带布置于摆臂的内部。此外,摆臂上的谐波减速器通常需要使用刚轮和 CRB 内圈一体式的超薄型减速器。

图 3-51 后驱 SCARA 机器人的外观

2. 典型结构

驱动电机安装于机身上的双摆臂的后驱 SCARA 机器人的典型传动系统结构如图 3-52 所示。

对于需要第 3 摆臂(C3 轴)的 SCARA 机器人,C1 轴传动相当于 C2 轴,此时,其减速器应安装在摆臂的上方,输入轴上的齿轮应为同步带轮,并且在 C1 轴的摆臂上需要布置两根平行的同步带,以连接安装在机身内侧的 C2、C3 轴伺服电机。3 摆臂 SCARA 机器人的 C1 轴传动系统与图 3-52 上的 C1 轴类似,但是,减速器输入轴内部,需要布置用于 C2、C3 轴传动的双层轴套。

在如图 3-52 所示的后驱双摆臂 SCARA 机器人上,C1、C2 轴的伺服电机均安装在机身 21 的内侧。C1 轴减速器的输入轴与驱动电机 29 间通过齿轮 28 传动;C2 轴减速器输入轴与驱动电机 23 间,采用 2 级同步带传动,中间传动轴布置在 C1 轴减速器的内部。

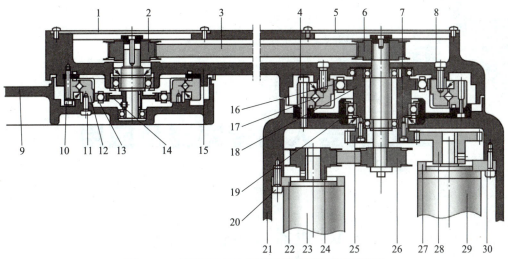

图 3-52 后驱 SCARA 机器人的典型传动系统结构

1，5—盖板；2，6，24，26—同步带轮；3—同步带；4，7，8，10，11，20，30—螺钉；9—C2 轴；
12，17—CRB；13，16—柔轮；14，18—谐波发生器；15—C1 轴摆臂；19—壳体；21—机身；
22，27—电机安装板；23—C2 轴伺服电机；25，28—齿轮；29—C1 轴驱动电机

C1 轴谐波减速器采用的是柔轮固定、刚轮回转的安装方式。减速器的柔轮 16 和 CRB 17 的外圈连接后，固定在机身 21 上。为了尽可能缩小摆臂的厚度，图中的谐波减速器采用的是刚轮和 CRB 17 的内圈一体式结构，刚轮齿直接加工在 CRB 的内圈上，并和 C1 轴摆臂 15 连接。当谐波发生器 18 在 C1 轴驱动电机 29、齿轮 28 驱动下旋转时，其刚轮将带动 C1 轴摆臂 15 摆动。

谐波减速器的结构和 C1 轴减速器相同，减速器的柔轮固定在 C1 轴摆臂 15 上，刚轮输出用来驱动 C2 轴摆臂 9 摆动。C2 轴采用 2 级同步带传动，减速器的谐波发生器 14 通过输入轴上的同步带轮 2、同步带 3，与中间传动轴上的同步带轮 6 连接。中间传动轴安装在 C1 轴减速器输入轴的内部，传动轴的另一端通过同步带轮 26 与 C2 轴伺服电机 23 输出轴上的同步带轮 24 连接。

第 4 章

工业机器人的传感器及应用

4.1 机器人传感器概述

4.1.1 机器人传感器的特点与分类

1. 机器人传感器的特点

机器人是由计算机控制的复杂机器,它具有类似人的肢体及感官功能,动作灵活,有一定程度的智能,在工作时可以不依赖人的操纵。机器人传感器在机器人的控制中起了非常重要的作用,正因为有了传感器,机器人才具备了类似人类的知觉功能和反应能力。

为了检测作业对象及环境或机器人与它们的关系,在机器人上安装了触觉传感器、视觉传感器、力觉传感器、接近觉传感器、超声波传感器和听觉传感器,大大改善了机器人工作状况,使其能够更准确地完成复杂的工作。由于外部传感器为集多种学科于一身的产品,有些方面还在探索之中,随着外部传感器的进一步完善,机器人的功能会越来越强大,将在许多领域为人类做出更大贡献。

2. 机器人传感器的分类

工业机器人的感觉系统由视觉、力觉、触觉、嗅觉和其他基本部分组成。工业机器人传感器按用途可分为内部传感器和外部传感器。其中内部传感器安装在本体上,包括位移、速度、加速度传感器,是为了检测机器人操作机内部状态,在伺服控制系统中作为反馈信号。外部传感器,如视觉、触觉、力觉、距离等传感器,是为了检测作业对象及环境与机器人的联系。工业机器人传感器的一般要求有精度高、重复性好、稳定性和可靠性好、抗干扰能力强、质量轻、体积小、安装方便。其特定要求有适应加工任务要求、满足机器人控制的要求、满足安全性要求以及其他辅助工作的要求。

表 4-1 列出了获取各种传感器信号的传感器类型。

制造传感器所用的材料有金属、半导体、绝缘体、磁性材料、强电介质和超导体等。

其中，以半导体材料用得最多。这是因为传感器必须敏感地反映外部条件的变化，而半导体材料能够最好地满足这一要求。

表 4–1　获取各种传感器信号的传感器类型

信号		传感器
距离	点	激光测距仪
	面	超声波测距仪
力觉	点	称重传感器、应变片
	面	应变片组成的阵列
触觉	点	微型开关
	面	微型开关组成的阵列
温度	点	热电阻、热电偶、红外线传感器等
	面	面阵红外线测温仪
视觉		目标有无、提取特征
嗅觉		敏感气体的检测

4.1.2　工业机器人应用传感器注意事项

应用传感器的选择会影响到控制程序的编写方法。信号处理技术能够改善一些传感器的性能，但与传感器的工作原理无关。应用传感器时应考虑以下问题。

1. 程序设计与传感器

机器人工作站的任务程序能够从适当的传感器获取信息，并以这些信息为基础做出决定，选择可取的处理步骤。在机器人正常运行期间，大部分可能获得的传感器读数用于检测各个单一处理步骤（如钻孔）是否能准确无误地完成。

任务程序只是在运行中进行处理之后，才能获得所需信息。然后，程序能够采取某些纠正或保护措施来排除某些误差的影响。程序开发过程通常包括许多假设和冗长的实验，以便确定所进行的检验是否能发现足够多的误差，以及对这些误差的反应是否恰当。工业上制定机器人加工标准时，由于必须由人做出的选择变少了，因而将使产生可靠的任务程序问题变得比较简单。

由此可见，不但正常的任务程序需要传感器，而且误差检查与纠正也需要传感器。传感器能够获得决策信息，从而参与对处理步骤的决策。

2. 示教与传感器

除获得决策信息外，机器人工作站内的传感器主要用于间接提供中间计算结果或直接提供任务程序中任何延期数据值。任务程序中最常见的延时数据很可能是位置信息。视觉信息次之,也是经常碰到的示教型信息。不过,实际可见输入信息可能很大。力和力矩信息不可能经常进行示教。

位置信息是很容易示教的,因为机械手实际上就是一台大型坐标测量机器。一个形状像指针一样的末端执行装置使训练人员比较容易规定工作空间位置,其 X、Y、Z 位置应当记录下来。根据末端(如工具)的形状与尺寸、臂关节位置以及机械手的集合结构和尺寸,控制机器人的计算机能迅速地计算出 X、Y、Z 值。

3. 抗干扰能力

一个非接触式传感器对能量发射装置所产生的干扰往往是很敏感的。传感器对这些能量——光线、声音和电磁辐射等产生反应,这就提出了把噪声(干扰)从信号中分离出去的问题。有三种原理能够有效地提高这类传感器的灵敏度,降低它们对噪声和干扰的敏感性,这就是滤波、调制和均分(Averaging)。这些原理使得传感器能应用于能量场(如光波、声波、磁场、静电场和无线电波等)内。

滤波原理的实质在于:以某种特征(如频率特征)为基础,屏蔽大部分噪声,并尽可能多地把信号集中在滤波器的通带内。

调制原理也是一种滤波,不过其滤波信息是由感觉能量场传播或被编制进感觉能量场。调制以不大可能在噪声中出现的方法,改变能量场的某些特征,如强度、频率或空间分布等。

均分原理是以噪声的随机性为基础而屏蔽某一期间的噪声,要求信号具有某些非随机特性,这样,在某些意义上就不会均匀分出零值。

适当地选择传感器能够最大限度地提高传感器对信号的灵敏度,并降低其对噪声的敏感性,即提高其抗干扰能力。

4.2 工业机器人内部传感器

在工业机器人内部传感器中,位置传感器和速度传感器是当今机器人反馈控制中不可缺少的元件。现已有多种传感器大量生产,但倾斜角传感器、方位角传感器及振动传感器等用作机器人内部传感器的时间不长,其性能尚需进一步改进。

工业机器人内部传感器功能分类:

(1) 规定位置、规定角度的检测。
(2) 位置、角度测量。
(3) 速度、角速度测量。
(4) 加速度测量。

4.2.1 位移位置传感器

(1) 规定位置、规定角度的检测。

检测预先规定的位置或角度,可以用开/关两个状态值,用于检测机器人的起始原点、越限位置或确定位置。

微型开关:规定的位移或力作用到微型开关的可动部分(称为执行器)时,开关的电气触点断开或接通。限位开关通常装在盒里,以防外力的作用和水、油、尘埃的侵蚀。

光电开关:光电开关是由 LED 光源和光敏二极管或光敏晶体管等光敏元件组成,相隔一定距离而构成的透光式开关。当光由基准位置的遮光片通过光源和光敏元件的缝隙时,光射不到光敏元件上,而起到开关的作用。

(2) 位置、角度测量。

测量机器人关节线位移和角位移的传感器是机器人位置反馈控制中必不可少的元件,主要有以下几种:

◆ 电位器。

◆ 旋转变压器。

◆ 编码器。

①电位器。

电位器可作为直线位移和角位移检测元件,其结构形式和电路原理图如图 4-1 所示。

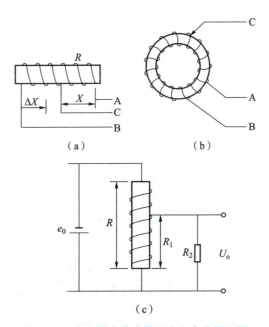

图 4-1 电位器式传感器形式和电路原理图
(a) 直线位移型;(b) 角位移型;(c) 电位器式传感器等效电路

为了保证电位器的线性输出,应保证等效负载电阻远远大于电位器总电阻。

电位器式传感器结构简单,性能稳定,使用方便,但分辨率不高,且当电刷和电阻之间接触面磨损或有尘埃附着时会产生噪声。

②旋转变压器。

旋转变压器由铁芯、两个定子线圈和两个转子线圈组成,是测量旋转角度的传感器。定子和转子由硅钢片和坡莫合金叠压制成,其原理图如图4-2所示。

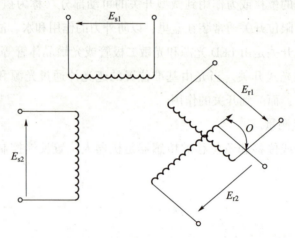

图4-2 旋转变压器原理图

在各定子线圈加上交流电压,转子线圈中由于交链磁通的变化产生感应电压。感应电压和励磁电压之间相关联的耦合系数随转子的转角而改变。因此,根据测得的输出电压,就可以知道转子转角的大小。

③编码器。

编码器输出表示位移增量的编码器脉冲信号,并带有符号。其工作原理图及输出波形如图4-3所示。

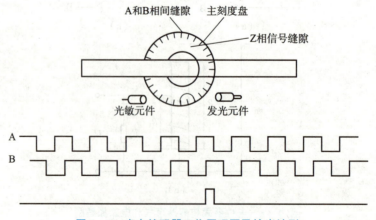

图4-3 光电编码器工作原理图及输出波形

根据检测原理,编码器可分为光学式、磁式、感应式和电容式。

4.2.2 速度和加速度传感器

1. 速度、角速度测量

速度、角速度测量是驱动器反馈控制必不可少的环节。有时也利用测位移传感器测量速度及检测单位采样时间位移量,但这种方法有其局限性:低速时存在测量不稳定的危险;高速时,只能获得较低的测量精度。

最通用的速度、角速度传感器是测速发电机或称为转速表的传感器、比率发电机。

测量角速度的测速发电机,可按其构造分为直流测速发电机、交流测速发电机和感应式交流测速发电机。

2. 加速度测量

随着机器人的高速化、高精度化,机器人的振动问题日益凸显。为了解决振动问题,有时在机器人的运动手臂等位置安装加速度传感器,测量振动加速度,并把它反馈到驱动器上,这些加速度传感器包括:

(1) 应变片加速度传感器。

(2) 伺服加速度传感器。

(3) 压电感应加速度传感器。

(4) 其他类型传感器。

图 4-4 所示是其中两种振动式加速度传感器。

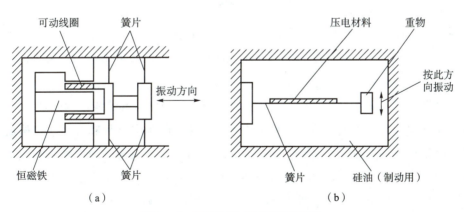

图 4-4 两种振动式加速度传感器

(a) 用二进码表示;(b) 用循环码表示

4.3 工业机器人外部传感器

4.3.1 触觉传感器

触觉是接触、冲击、压迫等机械刺激感觉的综合,触觉可以用来进行机器人抓取,利用触觉可进一步感知物体的形状、软硬等物理性质。一般把检测感知和外部直接接触而产生的接触觉、压力、触觉及接近觉的传感器称为机器人触觉传感器。

1. 接触觉

接触觉是通过与对象物体彼此接触而产生的,所以最好使用手指表面高密度分布触觉传感器阵列,它柔软易变形,可增大接触面积,并且有一定的强度,便于抓握。接触觉传感器可检测机器人是否接触目标或环境,用于寻找物体或感知碰撞。如图4-5所示为常见的类型。

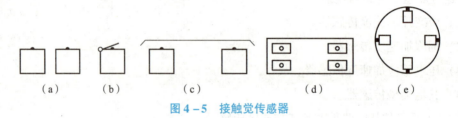

图4-5 接触觉传感器

(a) 点式;(b) 棒式;(c) 缓冲器式;(d) 平板式;(e) 环式

接触觉传感器主要有机械式、弹性式和光纤式等。

(1) 机械式传感器:利用触点的接触断开获取信息,通常采用微动开关来识别物体的二维轮廓,由于结构关系无法高密度列阵。

(2) 弹性式传感器:这类传感器都由弹性元件、导电触点和绝缘体构成。

如采用导电性石墨化碳纤维、氨基甲酸乙酯泡沫、印制电路板和金属触点构成的传感器,碳纤维被压后与金属触点接触,开关导通。也可由弹性海绵、导电橡胶和金属触点构成,导电橡胶受压后,海绵变形,导电橡胶和金属触点接触,开关导通。也可由金属和铍青铜构成,被绝缘体覆盖的青铜箔片被压后与金属接触,触点闭合。

(3) 光纤式传感器:这种传感器包括由一束光纤构成的光缆和一个可变形的反射表面。光通过光纤束投射到可变形的反射材料上,反射光按相反方向通过光纤束返回。如果反射表面是平的,则通过每条光纤所返回的光的强度是相同的。如果反射表面因与物体接触受力而变形,则反射的光强度不同。用高速光扫描技术进行处理,即可得到反射表面的受力情况。

2. 接近觉

接近觉是一种粗略的距离感觉，接近觉传感器的主要作用是在接触对象之前获得必要的信息，用来探测在一定距离范围内是否有物体接近、物体的接近距离和对象的表面形状及倾斜等状态，一般用"1"和"0"两种态表示。如图 4-6 所示。

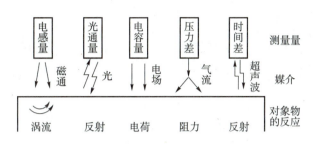

图 4-6　接近觉传感器

接近觉传感器一般使用非接触式测量元件，如霍尔效应传感器、电磁式接近开关和光学接近觉传感器。以光学接近觉传感器为例，其结构如图 4-7 所示，由发光二极管和光敏晶体管组成。发光二极管发出的光经过反射被光敏晶体管接收，接收到的光强和传感器与目标的距离有关，输出信号是距离的函数。红外信号被调制成某一特定频率，可大大提高信噪比。

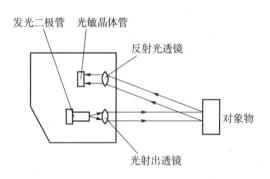

图 4-7　光学接近觉传感器

3. 滑觉

机器人在抓取不知属性的物体时，其自身应能确定最佳握紧力的给定值。当握紧力不够时，要检测被握紧物体的滑动，利用该检测信号，在不损害物体的前提下，考虑最可靠的夹持方法，实现此功能的传感器称为滑觉传感器。

滑觉传感器有滚动式和球式，还有一种通过振动检测滑觉的传感器。物体在传感器表面上滑动时，和滚轮或环相接触，把滑动变成转动。

磁力滚轮式滑觉传感器中，滑动物体引起滚轮滚动，用磁铁和静止的磁头，或用光传感器进行检测，这种传感器只能检测到一个方向的滑动。

球式滑觉传感器用球代替滚轮，可以检测各个方向的滑动。振动式滑觉传感器表面伸出的触针能和物体接触，物体滚动时，触针与物体接触而产生振动，这个振动由压电传感器或磁场线圈结构的微小位移计检测。滚轮式滑觉传感器如图4-8所示。

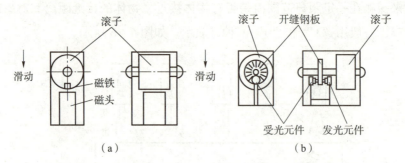

图4-8 滚轮式滑觉传感器

(a) 磁力式；(b) 光学式

常见的滑觉传感器如图4-9~图4-11所示。

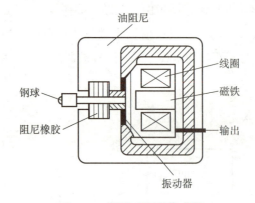

图4-9 振动式滑觉传感器

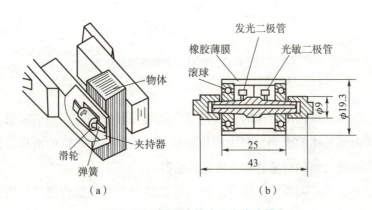

图4-10 柱形滚轮式滑觉传感器

(a) 机器人夹持器；(b) 传感器

4.3.2 力觉传感器

力觉是指对机器人的指、肢和关节等运动中所受力的感知。主要包括：腕力觉、关节力觉和支座力觉等，根据被测对象的负载，可以把力传感器分为测力传感器（单轴力传感器）、力矩表（单轴力矩传感器）、手指传感器（检测机器人手指作用力的超小型单轴力传感器）和六轴力觉传感器。

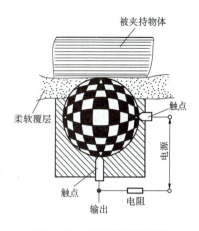

图 4-11 球式滑觉传感器

力觉传感器根据力的检测方式不同，可以分为：

（1）检测应变或应力的应变片式，应变片力觉传感器被机器人广泛采用。

（2）利用压电效应的压电元件式。

（3）用位移计测量负载产生的位移的差动变压器、电容位移计式。

在选用力传感器时，首先要注意额定值，其次在机器人通常的力控制中，力的精度意义不大，重要的是分辨率。

在机器人上实际安装使用力觉传感器时，一定要事先检查操作区域，清除障碍物。这对实验者的人身安全、对保证机器人及外围设备不受损害有重要意义。

常见的力觉传感器如图 4-12~图 4-16 所示。

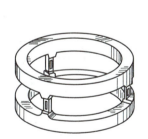

图 4-12 Draper 的腕力传感器

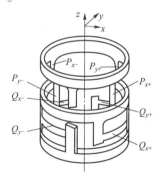

图 4-13 SRI 腕力传感器

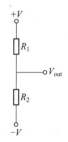

图 4-14 SRI 腕力传感器应变片连接方式

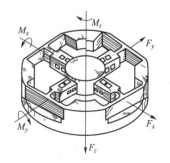

图 4-15 林纯一的腕力传感器

4.3.3 距离传感器

距离传感器可用于机器人导航和回避障碍物，也可用于机器人空间内的物体进行定位及确定其一般形状特征。目前最常用的测距法有两种。

1. 超声波测距法

超声波是频率为 20 kHz 以上的机械振动波，超声波测距是指利用发射脉冲和接收脉冲的时间间隔推算出距离。超声波测距法的缺点是波束较宽，其分辨力受到严重的限制，因此，主要用于导航和回避障碍物。

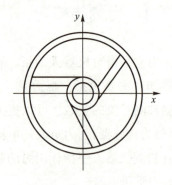

图 4-16 非径向中心对称三梁腕力传感器

2. 激光测距法

激光测距法也可以利用回波法，或者利用激光测距仪，其工作原理如下：

氦氖激光器固定在基线上，在基线的一端由反射镜将激光点射向被测物体，反射镜固定在电动机轴上，电动机连续旋转，使激光点稳定地对被测目标扫描。由 CCD（电荷耦合器件）摄像机接受反射光，采用图像处理的方法检测出激光点图像，并根据位置坐标及摄像机光学特点计算出激光反射角。利用三角测距原理即可算出反射点的位置。

4.3.4 其他外传感器

除以上介绍的机器人外部传感器外，还可根据机器人特殊用途安装听觉传感器、味觉传感器及电磁波传感器，而这些机器人主要用于科学研究、海洋资源探测或食品分析、救火等特殊用途。这些传感器多数属于开发阶段，有待于更进一步完善，以丰富机器人专用功能。

4.3.5 传感器融合

系统中使用的传感器种类和数量越来越多，每种传感器都有一定的使用条件和感知范围，并且又能给出环境或对象的部分或整个侧面的信息，为了有效地利用这些传感器信息，需要采用某种形式对传感器信息进行综合、融合处理，不同类型信息的多种形式的处理系统就是传感器融合。传感器的融合技术涉及神经网络、知识工程、模糊理论等信息、检测、控制领域的新理论和新方法。

传感器汇集类型有多种，现举两种例子。

（1）竞争性的：在传感器检测同一环境或同一物体的同一性质时，传感器提供的数据可能是一致的，也可能是矛盾的。若有矛盾，就需要系统裁决。裁决的方法有多种，如加权平均法、决策法等。在一个导航系统中,车辆位置的确定可以通过计算法定位系统(利用速度、方向等记录数据进行计算)或陆标(如交叉路口、人行道等参照物)观测确定。若陆标观测成功,则用陆标观测的结果,并对计算法的值进行修正,否则利用计算法所得的结果。

(2)互补性的:传感器提供不同形式的数据。例如,识别三维物体的任务就能说明这种类型的融合。利用彩色摄像机和激光测距仪确定一段阶梯道路,彩色摄像机提供图像(如颜色、特征),而激光测距仪提供距离信息,两者融合即可获得三维信息。

目前,要使多传感器信息融合体系化尚有困难,而且缺乏理论依据。多传感器信息融合的理想目标应是人类的感觉、识别、控制体系,但由于对后者尚无一个明确的工程学的阐述,所以机器人传感器融合体系要具备什么样的功能尚是一个模糊的概念。相信随着机器人智能水平的提高,多传感器信息融合理论和技术将会逐步完善和系统化。

4.4 机器人视觉装置

4.4.1 视觉系统基础介绍

视觉系统具有对工件进行拍摄和处理的功能。因此,它被广泛用来取代目视检测与确认自动检测的功能,如图 4-17 所示。

一个高性能机器视觉图像处理主要包括如图 4-18 所示的过程。

(1)拍摄:能够拍取到对焦和对比度良好的图像。

(2)发送:能够将数据原封不动地快速发送至控制器。

(3)预处理/主要处理:能够将数据加工至最适于进行计算处理的图像/能够以高精度、高速的方式进行符合检测目的的处理。

(4)输出:能够与所有控制装置通过相对应的通信方式输出结果。

在工程应用上的典型的机器视觉系统:在流水线上,零件经过输送带到达触发器时,视觉系统立即进行视觉检测,拍摄零件图像;随即图像数据被传递到视觉控制器,处理器根据像素分布和亮度、颜色信息,进行运算来抽取目标的特征,如面积、长度、数量、位置等;再根据预设的判断来输出结果:尺寸、角度、偏移量、个数、合格/不合格、有/无等;通过现场总线与 PLC 通信,指挥执行机构(如气缸),弹出不合格产品。典型机器视觉系统如图 4-19 所示。

机器视觉系统的特点如下:

(1)非接触测量。对于观测者与被观测者的脆弱部件都不会产生任何损伤,从而提高系统的可靠性。在一些不适合人工操作的危险工作环境或人工视觉难以满足要求的场合,常用机器视觉来替代人工视觉。

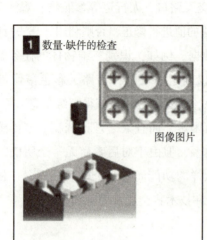
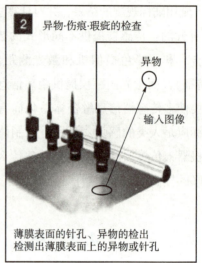

图 4-17　视觉系统的基本应用

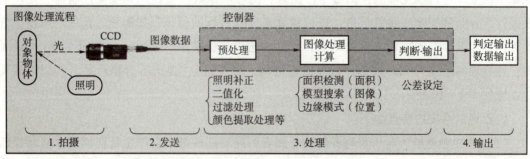

图 4-18　图像处理的 4 个基本步骤

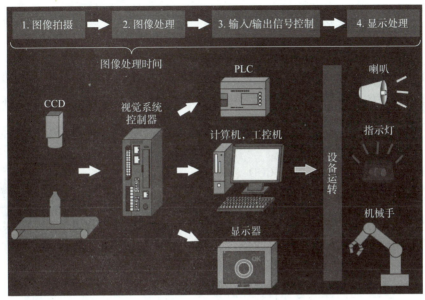

图 4-19 典型机器视觉系统

（2）具有较宽的光谱响应范围。例如使用人眼看不见的红外测量，扩展了人眼的视觉范围。

（3）连续性。机器视觉能够长时间稳定工作，使人们免除疲劳之苦。人类难以长时间对同一对象进行观察，而机器视觉则可以长时间地进行测量、分析和识别任务。

（4）成本较低，效率很高。随着计算机处理器价格的急剧下降，机器视觉系统的性价比也变得越来越高。而且，视觉系统的操作和维护费用非常低。在大批量工业生产过程中，若用人工视觉检查产品质量，其效率低且精度不高，用机器视觉检测方法可以大大提高生产效率和生产的自动化程度。

（5）机器视觉易于实现信息集成。其实现计算机集成制造的基础技术，正是由于机器视觉系统可以快速获取大量信息，而且易于自动处理，也易于与设计信息以及加工控制信息集成。因此，在现代自动化生产过程中，人们将机器视觉系统广泛地用于工况监视、成品检验和质量控制等领域。

（6）精度高。人眼在连续目测产品时，能发现的最小瑕疵为 0.3 mm，而机器视觉的检测精度可达到千分之一英寸。

（7）灵活性好。视觉系统能够进行各种不同的测量，当应用对象发生变化以后，只需软件做相应的变化或者升级以适应新的需求即可。

（8）机器视觉系统比光学或机器传感器有更好的可适应性。它们使自动机器具有了多样性、灵活性和可重组性。当需要改变生产过程时，对机器视觉来说"工具更换"仅仅是软件的变换而不是更换昂贵的硬件。当生产线重组后，视觉系统往往可以重复使用。

4.4.2 工业相机系统

工业相机（见图4-20）是机器视觉系统中的一个关键组件，其最本质的功能就是将光信号转变成有序的电信号。选择合适的相机也是机器视觉系统设计中的重要环节，相机的选择不仅直接决定所采集到的图像分辨率、图像质量等，同时也与整个系统的运行模式直接相关。

市面上工业相机大多是基于CCD（Charge Coupled Device）或CMOS（Complementary Metal Oxide Semiconductor）芯片的相机。

CCD是目前机器视觉最为常用的图像传感器。它集光电转换及电荷存储、电荷转移、信号读取于一体，是典型的固体成像器件。CCD的突出特点是以电荷作为信号，而不同于其他器件是

图4-20 工业相机

以电流或者电压为信号。这类成像器件通过光电转换形成电荷包，而后在驱动脉冲的作用下转移、放大输出图像信号。典型的CCD相机由光学镜头、时序及同步信号发生器、垂直驱动器、模拟/数字信号处理电路组成。CCD作为一种功能器件，与真空管相比，具有无灼伤、无滞后、低电压工作、低功耗等优点。

CMOS图像传感器的开发最早出现在20世纪70年代初，到90年代初期，随着超大规模集成电路（VLSI）制造工艺技术的发展，CMOS图像传感器得到迅速发展。CMOS图像传感器将光敏元阵列、图像信号放大器、信号读取电路、模数转换电路、图像信号处理器及控制器集成在一块芯片上，还具有局部像素的编程随机访问的优点。CMOS图像传感器以其良好的集成性、低功耗、高速传输和宽动态范围等特点在高分辨率和高速场合得到了广泛的应用。

工业相机的主要参数如下：

（1）分辨率（Resolution）：相机每次采集图像的像素点数（Pixels），对于数字相机来说，一般是直接与光电传感器的像元数对应的，对于模拟相机则是取决于视频制式，PAL制为768×576，NTSC制为640×480，模拟相机已经逐步被数字相机代替，且数字相机的分辨率已经超过6 576×4 384。

（2）像素深度（Pixel Depth）：即每像素数据的位数，一般常用的是8 bit，对于数字相机一般还会有10 bit、12 bit、14 bit等。

（3）最大帧率（Frame Rate）/行频（Line Rate）：相机采集传输图像的速率，对于面阵相机一般为每秒采集的帧数（Frames/Sec.），对于线阵相机为每秒采集的行数（Lines/Sec.）。

(4) 曝光方式 (Exposure) 和快门速度 (Shutter): 对于线阵相机都是逐行曝光的方式,可以选择固定行频和外触发同步的采集方式,曝光时间可以与行周期一致,也可以设定一个固定的时间;面阵相机有帧曝光、场曝光和滚动行曝光等几种常见方式,数字相机一般都提供外触发采图的功能。快门速度一般可到 10 μs,高速相机还可以更快。

(5) 像元尺寸 (Pixel Size): 像元大小和像元数 (分辨率) 共同决定了相机靶面的大小。数字相机像元尺寸为 3~10 μm,一般像元尺寸越小,制造难度越大,图像质量也越不容易提高。

(6) 光谱响应特性 (Spectral Range): 是指该像元传感器对不同光波的敏感特性,一般响应范围是 350~1 000 nm,一些相机在靶面前加了一个滤镜,滤除红外光线,如果系统需要对红外感光时可去掉该滤镜。

(7) 接口类型: 有 Camera Link 接口、以太网接口、1394 接口、USB 接口输出。目前最新的接口是 CoaXPress 接口。

4.4.3 智能相机系统

智能相机与工业相机的区别,简单地说,智能相机是一种高度集成化的微小型机器视觉系统;而工业相机是机器视觉系统的组成部分之一。

智能相机并不是一台简单的相机,而是一种高度集成化的微小型机器视觉系统。它将图像的采集、处理与通信功能集成于单一相机内,从而提供了具有多功能、模块化、高可靠性、易于实现的机器视觉解决方案。同时,由于应用了最新的 DSP、FPGA 及大量存储技术,其智能化程度不断提高,可满足多种机器视觉的应用需求,如图 4-21 所示。

智能相机一般由图像采集单元、图像处理单元、图像处理软件、网络通信装置等构成,各部分的功能如下。

图 4-21 智能相机

(1) 图像采集单元: 在智能相机中,图像采集单元相当于普通意义上的 CCD/CMOS 相机和图像采集卡。它将光学图像转换为模拟/数字图像,并输出至图像处理单元。

(2) 图像处理单元: 图像处理单元类似于图像采集、处理卡。它可对图像采集单元的图像数据进行实时的存储,并在图像处理软件的支持下进行图像处理。

(3) 图像处理软件:图像处理软件主要在图像处理单元硬件环境的支持下,完成图像处理功能。如几何边缘的提取、Blob、灰度直方图、OCV/OVR、简单的定位和搜索等。在智能相机中,以上算法都封装成固定的模块,用户可直接应用而无须编程。

(4) 网络通信装置:网络通信装置是智能相机的重要组成部分,主要完成控制信息、图像数据的通信任务。智能相机一般均内置以太网通信装置,并支持多种标准网络和总线协议,从而使多台智能相机构成更大的机器视觉系统。

4.4.4 激光雷达

激光雷达 LMS291 的原理示意图和实物如图 4-22 所示。

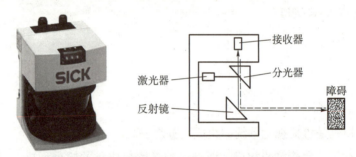

图 4-22 激光雷达 LMS291 的原理示意图和实物图

1. 工作原理

工作在红外和可见光波段的雷达称为激光雷达。它由激光发射系统、光学接收系统、转台和信息处理系统等组成。发射系统是各种形式的激光器。接收系统采用望远镜和各种形式的光电探测器。激光雷达采用脉冲和连续波两种工作方式,按照探测的原理不同,探测方法可以分为米散射、瑞利散射、拉曼散射、布里渊散射、荧光、多普勒等。

激光器将电脉冲变成光脉冲(激光束)作为探测信号向目标发射出去,打在物体上并反射回来,光接收机接收从目标反射回来的光脉冲信号(目标回波),与发射信号进行比较,还原成电脉冲,送到显示器。接收器准确地测量光脉冲从发射到被反射回的传播时间。因为光脉冲以光速传播,所以接收器总会在下一个脉冲发出之前收到前一个被反射回的脉冲。鉴于光速是已知的,传播时间即可被转换为对距离的测量。然后经过适当处理后,就可获得目标的有关信息,如目标距离、方位、高度、速度、姿态甚至形状等参数,从而对目标进行探测、跟踪和识别。

根据扫描机构的不同,激光测距雷达有 2D 和 3D 两种。激光测距方法主要分为两类:一类是连续波测距法;另一类是脉冲测距方法。连续波测距一般针对合作目标采用性能良好的反射器,激光器连续输出固定频率的光束,通过调频法或相位法进行测距。脉冲测距也称为飞行时间（Time of Flight，TOF）测距，应用于反射条件变化很大的非合作目标。

如图4-22所示是德国SICK公司生产的LMS291激光雷达测距仪的飞行时间法测距原理示意和实物图。激光器发射的激光脉冲经过分光器后分为两路，一路进入接收器，另一路则由反射镜面发射到被测障碍物体表面，反射光也经由反射镜返回接收器。发射光与反射光的频率完全相同，通过测量发射脉冲与反射脉冲之间的时间间隔并与光速的乘积来测定被测障碍物体的距离。LMS291的反射镜转动速度为4 500 r/min，即每秒旋转75次。由于反射镜的转动，激光雷达得以在一个角度范围内获得线扫描的测距数据。

2. 主要特点

激光雷达由于使用的是激光束，工作频率高，因此具有很多特点。

（1）分辨率高。

激光雷达可以获得极高的角度、距离和速度分辨率。通常角度分辨率不低于0.1 mrad，也就是说可以分辨3 km距离上相距0.3 m的两个目标，并可同时跟踪多个目标；距离分辨率可达0.1 m；速度分辨率可达10 m/s以内。

（2）隐蔽性好。

激光直线传播，方向性好，光束很窄，只有在其传播路径上才能接收到，因此很难被截获，且激光雷达的发射系统（发射望远镜）口径很小，可接收区域窄，有意发射的激光干扰信号进入接收机的概率极低。

（3）低空探测性能好。

激光雷达只有被照射到目标才会产生反射，完全不存在地物回波的影响，因此可以"零高度"工作，低空探测性能很强。

（4）体积小、质量轻。

与普通微波雷达相比，激光雷达轻便、灵巧，架设、拆收简便，结构相对简单，维修方便，操纵容易，价格也较低。

当然，激光雷达工作时受天气和大气影响较大。在大雨、浓烟、浓雾等坏天气里，衰减急剧加大，传播距离大受影响。大气环流还会使激光光束发生畸变、抖动，直接影响激光雷达的测量精度。此外，由于激光雷达的波束极窄，在空间搜索目标非常困难，只能在较小的范围内搜索、捕获目标。

3. 应用领域

激光雷达的作用是能精确测量目标位置、运动状态和形状，以及准确探测、识别、分辨和跟踪目标，具有探测距离远和测量精度高等优点，已被普遍应用于移动机器人定位导航，还被广泛应用于资源勘探、城市规划、农业开发、水利工程、土地利用、环境监测、交通监控、防震减灾等方面，在军事上也已开发出火控激光雷达、侦测激光雷达、导弹制导激光雷达、靶场测量激光雷达、导航激光雷达等精确获取三维地理信息的途径，为国民经济、国防建设、社会发展和科学研究提供了极为重要的数据信息资源，取得了显著的经济效益，显示出优良的应用前景。

4.5 工业机器人传感器的应用

在工业自动化领域，机器需要传感器提供必要的信息，以正确执行相关的操作。机器人已经开始应用大量的传感器以提高适应能力。例如有很多的协作机器人集成了力矩传感器和摄像机，以确保在操作中拥有更好的视角，同时保证工作区域的安全等。在此枚举一些常用的可以集成到机器人单元里的各种传感器。

4.5.1 二维视觉传感器在工业机器人项目中的应用

二维视觉基本上就是一个可以执行多种任务的摄像头，可以完成从检测运动物体到传输带上的零件定位等任务。二维视觉在市场上已经出现了很长一段时间，并且占据了一定的份额。许多智能相机都可以检测零件并协助机器人确定零件的位置，机器人就可以根据接收到的信息适当调整其动作。图4-23所示是二维视觉传感器在工业机器人项目中的应用。

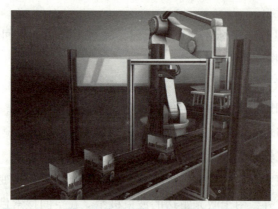

图4-23 二维视觉传感器在工业机器人项目中的应用

4.5.2 三维视觉传感器在工业机器人项目中的应用

与二维视觉相比，三维视觉是前几年才出现的一种技术。三维视觉系统必须具备两个不同角度的摄像机或使用激光扫描器。通过这种方式检测对象的第三维度。同样，现在也有许多的应用使用了三维视觉技术。例如零件取放，利用三维视觉技术检测物体并创建三维图像，分析并选择最好的拾取方式，等等。图4-24所示是三维视觉传感器在工业机器人项目中的应用。

4.5.3 力/力矩传感器在工业机器人项目中的应用

如果说视觉传感器给了机器人眼睛,那么力/力矩传感器则给机器人带去了触觉。机器人利用力/力矩传感器感知末端执行器的力度。多数情况下,力/力矩传感器都位于机器人和夹具之间,这样,所有反馈到夹具上的力就都在机器人的监控之中。

有了力/力矩传感器,像装配、人工引导、示教,力度限制等应用才能得以实现。图4-25所示是力/力矩传感器在工业机器人项目中的应用。

图4-24 三维视觉传感器在工业机器人项目中的应用

图4-25 力/力矩传感器在工业机器人项目中的应用

4.5.4 碰撞检测传感器在工业机器人项目中的应用

这种传感器有各种不同的形式。这些传感器的主要应用是为作业人员提供一个安全的工作环境,协作机器人最有必要使用它们。一些传感器可以是某种触觉识别系统,通过柔软的表面感知压力,如果感知到压力,将给机器人发送信号,限制或停止机器人的运动。

有些传感器还可以直接内置在机器人中。有些公司利用加速度计反馈,还有些则使用电流反馈。在这两种情况下,当机器人感知到异常的力度时,触发紧急停止,从而确保安全。但是在机器人停止之前,你还是会被它撞到。因此最安全的环境是完全没有碰撞风险的环境,这就是接下来这个传感器的使命。

如图4-26所示是碰撞检测传感器在工业机器人项目中的应用。

4.5.5 安全传感器的应用

要想让工业机器人与人进行协作,首先要找出可以保证作业人员安全的方法。这些传感器有各种形式，从摄像头到激光等，目的只有一个，就是告诉机器人周围的状况。有些安全系统可以设置成当有人出现在特定的区域/空间时，机器人会自动减速运行，如果人员继续靠近，机器人则会停止工作。如图4-27所示是安全传感器的应用。

图4-26 碰撞检测传感器在工业机器人项目中的应用

图4-27 安全传感器的应用

最简单的例子就是电梯门上的激光安全传感器。当激光检测障碍物时，门会立即停止并倒退，以避免碰撞。在机器人行业里的大多数安全传感器也差不多是这样的功能。

4.5.6 零件检测传感器的应用

在零件拾取应用中，假设没有视觉系统，你无法知道机器人抓手是否正确抓取了零件。而零件检测应用可以为你提供抓手位置的反馈。例如，如果抓手漏掉了一个零件，系统会检测到这个错误，并重复操作一次，以确保零件被正确抓取。图4-28所示是零件检测传感器在机器人抓手中的应用。

4.5.7 其他传感器的应用

市场上还有很多的传感器适用于不同的应用。例如焊缝追踪传感器等。

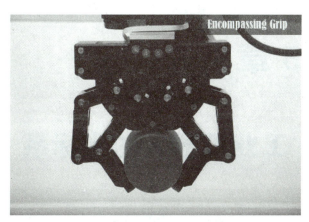

图 4-28 零件检测传感器在机器人抓手中的应用

触觉传感器也越来越受欢迎。这一类的传感器一般安装在抓手上用来检测和感觉所抓的物体是什么。触觉传感器通常能够检测力度,并得出力度分布的情况,从而知道对象的确切位置,以控制抓取的位置和末端执行器的抓取力度。另外,还有一些触觉传感器可以检测热量的变化。

传感器是实现软件智能的关键组件。没有这些传感器,很多复杂的操作就不能实现。传感器不仅实现了复杂的操作,同时也保证了这些操作能够在进行的过程中得到良好的控制,如图 4-29 所示。

图 4-29 其他传感器的应用

第 5 章

工业机器人的坐标系

5.1 关节坐标系

关节坐标系（Axis Coordinate System），简称为 ACS。关节坐标系是以各轴机械零点为原点所建立的纯旋转坐标系。机器人的各个关节可以独立地旋转，也可以一起联动。

一般工业机器人在本体设计过程中已考虑了零位接口（例如凹槽、刻线、标尺等）。正常情况下机器人在机械零点的姿态应该如图 5-1 所示，通过各关节运动可将各个关节运动归于零位。

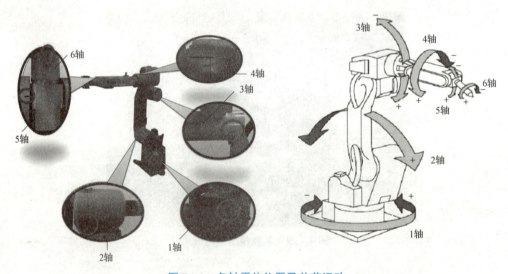

图 5-1 各轴零位位置及关节运动

5.2 世界坐标系

世界坐标系（World Coordinate System），简称为 WCS。世界坐标系（见图 5-2）也是空间笛卡儿坐标系统。世界坐标系是其他笛卡儿坐标系（基坐标系和工件坐标系 PCS）的参考坐标系统，极坐标系和工件坐标系 PCS 的建立都是参照世界坐标系 WCS 来建立的。在默认没有示教配置世界坐标系的情况下，世界坐标系到机器人运动学坐标系之间没有位置的偏置和姿态的变换，所以此时世界坐标系 WCS 和基坐标系重合。用户可以通过"坐标系管理"界面来示教世界坐标系 WCS。机器人工具末端在世界坐标系下可以进行沿坐标系 X 轴、Y 轴、Z 轴的移位运动，以及绕坐标系 X 轴、Y 轴、Z 轴的旋转运动。

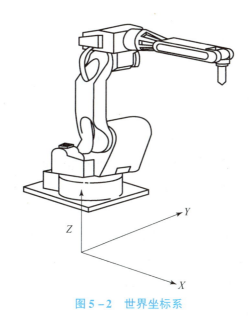

图 5-2　世界坐标系

5.3 基坐标系

基坐标系（见图 5-3）是用来对机器人进行正逆向运动学建模的坐标系，它是机器人的基础笛卡儿坐标系，也可以称为机器人基坐标系（Base Coordinate System，BCS）或运动学坐标系，机器人工具末端 TCP 在该坐标系下可以进行沿坐标系 X 轴、Y 轴、Z 轴的移位运动，以及绕坐标系 X 轴、Y 轴、Z 轴的旋转运动。

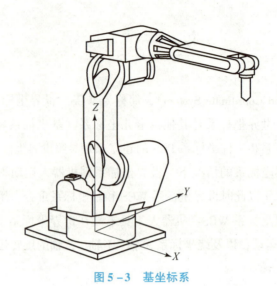

图 5-3 基坐标系

5.4 工件坐标系

工件坐标系（Piece Coordinate System），简称为 PCS。工件坐标系（见图 5-4）主要是方便用户在一个应用中切换世界坐标系 WCS 下的多个相同的工件。另外，示教工件坐标系后，机器人工具末端 TCP 在工件坐标系下的移位运动和旋转运动能够减轻示教工作的难度。

标定工件坐标系的常用方法（3点法）：

工件坐标对应工件，它定义工件相对于世界坐标或其他坐标的位置，机器人可拥有若干个工件坐标系，表示不同的工件或者是同一工件在空间中的不同位置。

对机器人进行编程时就是在工件坐标中创建目标和路径，这给编程带来很多优点：

（1）重新定位工作站中的工件时，只需更改工件坐标的位置，之前所有的路径即刻随之更新。

（2）允许操作以外轴或输送链移动的工件，因为整个工件可以连同其路径一起移动。

图 5-5 中，A 是机器人的世界坐标，为了方便编程，给第一个工件建立了一个工件坐标 B，并在这个工件坐标 B 中进行轨迹编程。如果台面上还有一个一样的工件需要走同样的轨迹，那只需要建立一个工件坐标 C，将工件坐标 B 中的轨迹复制一份，并将工件坐标更新成工件坐标 C，而无须对同样的工件进行重复性的编程，这样大大地减少我们编程花费的时间。

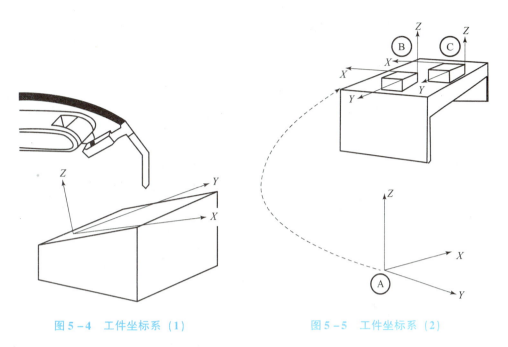

图 5-4 工件坐标系 (1)　　　　图 5-5 工件坐标系 (2)

不准确的工件坐标，使机器人在工件对象上的 X、Y 方向上移动变得很困难，如图 5-6 所示。

准确的工件坐标，使机器人在工件对象上的 X、Y 方向上移动变得很轻松，如图 5-7 所示。

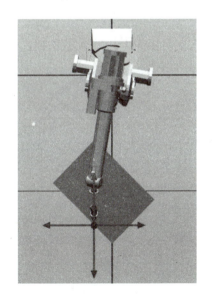

图 5-6 不准确的工件坐标

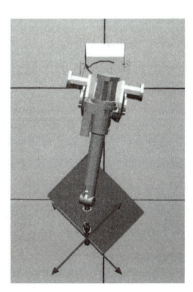

图 5-7 准确的工件坐标

在对象的平面上只需要定义 3 个点，就可以建立一个工件坐标。如图 5-8 所示，X_1 确定工件坐标的原点，X_1、X_2 确定工件坐标 X 轴的正方向，Y_1 确定工件坐标 Y 轴的正方向。（说明：X 轴与 Y 轴的交点才是工件坐标的原点）。

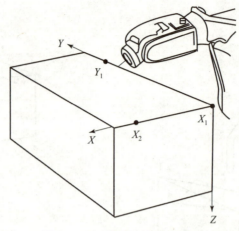

图 5-8 工件坐标的设定方法

5.5 工具坐标系

工具坐标系（Tool Coordinate System），简称为 TCS。如图 5-9 所示。

5.5.1 工具坐标系简介

安装工具：将机器人腕部法兰盘所持工具的有效方向作为工具坐标系 Z 轴，并把工具坐标系的原点定义在工具的尖端点（或中心点）TCP（Tool Center Point）。

未安装工具：此时工具坐标系建立在机器人法兰盘端面中心点上，Z 轴方向垂直于法兰盘端面指向法兰面的前方。

当机器人运动时，随着工具尖端点 TCP 的运动，工具坐标系也随之运动。用户可以选择在工具坐标系 TCS 下进行示教运动。TCS 坐标系下的示教运动包括沿工具坐标系 X 轴、Y 轴、Z 轴的移位运动，以及绕工具坐标系 X 轴、Y 轴、Z 轴的旋转运动。

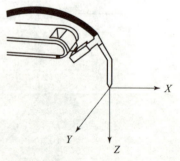

图 5-9 工具坐标系

5.5.2 标定工具坐标系的方法

根据不同的机器人类型，工具坐标系标定方法有 2 点法、3 点法、4 点法和 6 点法共四种方法可供选择。Scara 四轴机器人、Delta 三轴（或四轴）机器人一般只能使用 2 点法来标定其法兰盘末端安装的工具,而常规的六轴机器人可以使用所有的四种方法来进行工具坐标系的标定。

6点法可以综合示教六轴关节机器人末端工具 TCP 的位置偏移和姿态向量;4 点法只能计算六轴机器人工具末端的 TCP 位置偏移值,不能计算工具的姿态向量;3 点法只能计算六轴机器人工具末端的 TCP 姿态向量,不能计算工具末端 TCP 的位置偏移值。6 点法实际上是 4 点法和 3 点法的综合使用,6 点法中记录的前 4 个位置点使用 4 点法计算工具末端 TCP 的位置偏移,后 3 个位置点使用 3 点法计算工具的 TCP 姿态向量。

使用 4 点法标定时,用待测工具的尖端(中心)点(即 TCP 点)从 4 个任意不同的方向靠近同一个参照点,参照点可以任意选择,但必须为同一个固定不变的参照点。机器人控制器从 4 个不同的法兰位置计算出 TCP。机器人 TCP 点运动到参考点的 4 个法兰位置时必须分散开足够的距离,才能使计算出来的 TCP 点尽可能精确。

4 点法示意图如图 5 – 10 所示。

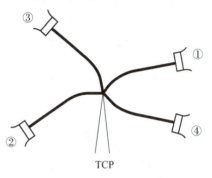

图 5 – 10　4 点法示意图

5.5.3　4 点法标定工具坐标举例

利用 EFORT – C60 工业机器人的标定工具坐标步骤如下。

第一步:选择要刷新的坐标系索引号,本例中为第 10 号工具坐标系,选择 4 点法示教模式,如图 5 – 11 所示。

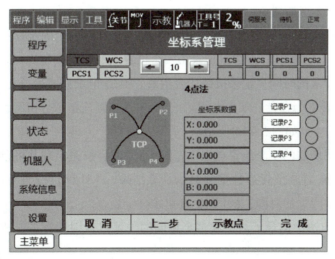

图 5 – 11　使用 4 点法需要保存记录 4 个位置点

第二步：将待测工具的尖端点 TCP 从第一个方向靠近一个固定参照点。在伺服电源接通的情况下单击【记录 P1】按钮，记录第一个位置点。记录按钮为延时触发型按钮，需要保持按下状态约 2 s 的时间，记录按钮才会生效。P1 点记录完成后【记录 P1】按钮旁边的指示灯会由灰色转变为绿色。如果是重新记录 P1 点，则该指示灯由绿色变为灰色，再变为绿色。示教记录 P1 点如图 5-12 所示。

第三步：将待测工具的尖端点 TCP 从第二个方向靠近同一个固定参照点。在伺服电源接通的情况下单击【记录 P2】按钮，记录第二个位置点。记录按钮为延时触发型按钮，需要保持按下状态约 2 s 的时间，记录按钮才会生效。P2 点记录完成后【记录 P2】按钮旁边的指示灯由灰色转变为绿色。如果是重新记录 P2 点，则该指示灯由绿色变为灰色，再变为绿色。示教记录 P2 点如图 5-13 所示。

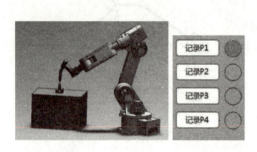
图 5-12　示教记录 P1 点

图 5-13　示教记录 P2 点

第四步：将待测工具的尖端点 TCP 从第三个方向靠近同一个固定参照点。在伺服电源接通的情况下单击【记录 P3】按钮，记录第三个位置点。记录按钮为延时触发型按钮，需要保持按下状态约 2 s 的时间，记录按钮才会生效。P3 点记录完成后【记录 P3】按钮旁边的指示灯会由灰色转变为绿色。如果是重新记录 P3 点，则该指示灯由绿色变为灰色，再变为绿色。示教记录 P3 点如图 5-14 所示。

第五步：将待测工具的尖端点 TCP 从第四个方向靠近同一个固定参照点。在伺服电源接通的情况下单击【记录 P4】按钮，记录第四个位置点。记录按钮为延时触发型按钮，需要保持按下状态约 2 s 的时间，记录按钮才会生效。P4 点记录完成后【记录 P4】按钮旁边的指示灯会由灰色转变为绿色。如果是重新记录 P4 点，则该指示灯由绿色变为灰色，再变为绿色。示教记录 P4 点如图 5-15 所示。

第六步：4 点法所需的 4 个位置点记录完成，【计算】按钮出现并可以操作。单击【计算】按钮，自动计算 TCP 位置点数据并显示计算结果。【计算】按钮为延时触发型按钮，需要保持按下状态约 2 s 的时间，【计算】按钮才会生效。

注意：如果 4 点法中记录了两个或多个相同的位置点，则计算不能成功，程序会报告错误。

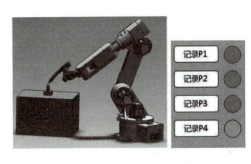

图 5-14 示教记录 P3 点

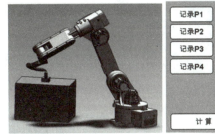

图 5-15 示教记录 P4 点

第七步：单击【完成】按钮，保存记录的示教位置点坐标及计算的坐标系数据，返回到坐标系管理主界面。

第八步：单击【设为当前】按钮，将新计算的 TCP 工具作为法兰末端工具。到此为止，已完成从工具坐标系计算切换到以新计算出来的工具为当前使用的工具的所有步骤。工具坐标系计算并切换成功，现在可以在新的工具下进行机器人的各种运动。

注意，使用 4 点法只能确定工具尖端（中心）点 TCP 相对于机器人末端法兰安装面的位置偏移值，当用户需要示教确定工具姿态分量时，需要额外再使用 3 点法，或者直接使用 6 点法。

大多数的工业机器人如 KUKA、ABB 等都还需要填写真实的工具质量，从而在机器人负载时使轨迹更快更精确。

第6章

工业机器人的应用

6.1 应用工业机器人必须考虑的因素

一个工厂或企业在准备采用工业机器人时,应当考虑的因素包括任务估计、技术要求与依据、经济理由以及与人的因素的关系等。只有这样,才能论证使用机器人的合理性,选择适当的作业,选用合适的机器人,考虑今后发展以及充分发挥人的作用和机器人的优点。下面逐一讨论这些问题。

6.1.1 机器人的任务估计

如果缺乏对应用机器人的透彻了解,就很难选择好机器人的作业任务。许多人在挑选出他们认为是很好的机器人任务之后,很快就发现所需要的循环速度或连接方式不能由机器人来实现。同样地,由于缺少有关机器人适用技术和工作能力的全面知识,也常常无法正确使用机器人。

要增加对机器人应用情况的了解,最好的方法是到工作现场去观察机器人的工作。参观机器人贸易展览会和机器人制造厂家的设备,也能提供对有限作业任务的了解。访问足够多的机器人用户,全面了解机器人的第一手运行资料在经济上是不可取的,而且在时间上也是划不来的。

现在有许多类型的机器人报告会,在会上会放映范围广泛的机器人应用影片或光盘。这是一种很好的调查研究途径。

在估计作业任务时,必须把当前进行的作业任务与应当由机器人进行的作业任务加以区别。例如,对于一个手工操作,操作人员可能依次拿起一系列手动工具,并在一个被固定的工件上进行工作。要进行这种工作,操作者必须逐一捡起和放下每件工具。工具的捡起放下,并不创造有价值的工作;只有用工具对工件或零件进行操作时,才能创造价值。如果由机器人捡起零件,握在它手中,并把此零件送至每个工具处(所有工具都放在固定位置），那就要容易得多。

采用机器人能够提供由改变过程变量来显著提高生产率的机会。如果对这些变量的灵活性不够了解，那么采用机器人仅仅是取代工人劳动而已，不能提高生产率。因此，在调查研究过程中必须发现并论证什么是要改变的、什么是不改变的。在开发和实施应用机器人时，这一信息将是十分有价值的。

6.1.2 应用机器人的三要素

技术依据、经济因素和人的因素是进行工厂调查时应当收集的三方面数据。下面举例说明它们与应用机器人的关系。

1. 技术依据

技术依据包括下列各种要求。

（1）性能要求。

（2）布局要求。

（3）产品特性。

（4）设备更换。

（5）过程变更。

2. 经济因素

在经济方面所考虑的因素包括以下 6 个方面。

（1）劳力。

（2）材料。

（3）生产率。

（4）能源。

（5）设备。

（6）费用。

3. 人的因素

在考虑人的因素时，涉及机器人的操作人员、管理人员、维护人员、经理和工程师等。

4. 数据记录

在调查研究过程中，必须将所得上述各种因素的数据记录在预先准备好的表格上，以供进一步分析时使用。它提供了对观察过的应用项目的粗略估计。另一种收集资料数据的好方法是图片。使用幻灯片、电影胶卷、录像带或光盘来搜集情报是极好的手段。这些图片的顺序必须能够给出作业顺序的清晰印象。

6.1.3 使用机器人的经验准则

美国通用电气公司（GE）过程自动化和控制系统经理埃斯蒂斯（Vernon E. Estes）于 1979 年提出 8 条使用机器人的经验准则，人们后来称它为弗农（Vernon）准则。这些准则是 GE 公司使用机器人实际经验的总结。它对于那些想使用机器人自动化形式来发展生产的人们，至今仍值得借鉴。

弗农准则如下：

（1）应当从恶劣工种开始执行机器人计划。

（2）考虑在生产力落后的部门应用机器人。

（3）要估计长远需要。

（4）使用费用不与机器人成本成正比。

（5）力求简单实效。

（6）确保人员和设备安全。

（7）不要期望卖主提供全套承包服务。

（8）不要忘记机器人需要人。

6.1.4 应用机器人的步骤

下面是成功地把机器人应用于生产系统的具体步骤。这一步骤的大致顺序如图 6-1 所示。

（1）全面考虑并明确自动化要求，包括提高劳动生产率、增加产量、减轻劳动强度、改善劳动条件、保障经济效益和社会就业等问题。

（2）制订机器人化计划。在全面和可靠的调查研究基础上，制订长期的机器人化计划，包括确定自动化目标、培训技术人员、编绘作业类别一览表、编制机器人化顺序表和大致日程表等。

（3）探讨应用机器人的条件。根据预先准备好的调查研究项目表，进行深入细致的调查，并进行详细的测定和图表资料收集工作。

（4）对辅助作业和机器人性能进行标准化。必须按照现有的和新研制的机器人规格，进行标准化工作。此外，还要判断各机器人具有哪些适于特定

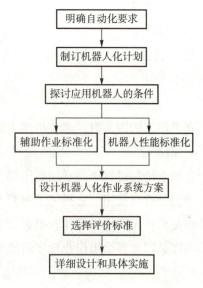

图 6-1 应用机器人的步骤

用途的性能，进行机器人性能及其表示方法的标准化工作。

（5）设计机器人化作业系统方案。设计并比较各种理想的、可行的或折中的机器人化作业系统方案，选定最符合使用目的的机器人及其配套来组成机器人化柔性综合作业系统。

（6）选择适宜的机器人系统评价标准。建立和选用适宜的机器人化作业系统评价标准与方法，既要考虑能够适应产品变化和生产计划变更的灵活性，又要兼顾目前和长远的经济效益。

6.2 工业机器人的应用领域

随着技术的进步，工业机器人的应用领域也在快速扩张，相比于新一代的工人，企业更喜欢用吃苦耐劳、不要工资的工业机器人，工业机器人在各个行业开花结果，广泛应用。

6.2.1 汽车行业

在中国，50%的工业机器人应用于汽车制造业，其中50%以上为焊接机器人，如图6-2所示；在发达国家，汽车工业机器人占机器人总保有量的53%以上。据统计，世界各大汽车制造厂年产每万辆汽车所拥有的机器人数量为10台以上。随着机器人技术的不断发展和日臻完善，工业机器人必将对汽车制造业的发展起到极大的促进作用。而中国正由制造大国向制造强国迈进，需要提升加工手段，提高产品质量，增加企业竞争力，这一切都预示着机器人的发展前景巨大。

图6-2 汽车行业机器人点焊

6.2.2 电子3C行业

工业机器人在电子类的集成电路、贴片元器件等领域的应用均较普遍,如图6-3所示。目前世界工业界装机最多的工业机器人是SCARA型四轴机器人,第二位的是串联关节型垂直六轴机器人。这两种工业机器人超过全球工业机器人装机量的一半。

图6-3 工业机器人在电子行业的主板组装

在手机生产领域,视觉机器人,例如分拣装箱、撕膜系统、激光塑料焊接、高速四轴码垛机器人等适用于触摸屏检测、擦洗、贴膜等一系列流程的自动化系统的应用。

专区内机器人均由生产商根据电子生产行业需求所特制,小型化、简单化的特性实现了电子组装高精度、高效的生产,满足了电子组装加工设备日益精细化的需求,而自动化加工更是大大提升了生产效益。

据有关数据表明,产品通过机器人抛光,成品率可从87%提高到93%,因此无论"机器手臂"还是更高端的机器人,投入使用后都会使生产效率大幅提高。

6.2.3 食品加工行业

机器人的运用范围越来越广泛,即使在很多的传统工业领域中人们也在努力使机器人代替人类工作,在食品工业中的情况也是如此。目前人们已经开发出的食品工业机器人有包装罐头机器人、自动午餐机器人和切割牛肉机器人等,如图6-4所示。

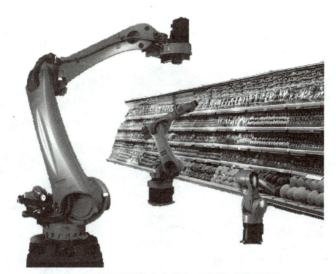

图6-4　工业机器人在食品加工行业中的应用

从机器人的角度来看,切割牛的前半身这个问题不是一个简单的问题,要考虑的细节特别复杂,因为从牛的身体结构来看,每头牛的肢体虽然大致一样,但还是有很多不相同的地方。机器人系统必须要选择对每头牛的最佳切割方法,最大限度地减少牛肉的浪费。实际上,要使机器人系统能娴熟地模拟一个熟练屠宰工人的动作,最终的解决方法是把传感器技术、人工智能和机器人制造等多项高新技术集成起来,使机器人系统能自动顺应产品加工中的各种变化。

切割牛肉的机器人将要加工的牛的肢体与数据库中存储的牛的肢体的切割信息进行比较,来加工每一头牛,这样就可以顺着每刀切割所定的初始路线方向来确定刀的起点和终点,然后用机器人驱动刀切入牛的身体里面。传感器系统监视切割时所用力量的大小,来确定刀是否是在切割骨头,同时把信息反馈给机器人控制系统,以控制刀片只顺着骨头的轮廓移动,从而避免损坏刀片。

6.2.4　其他行业

1. 橡胶及塑料工业

塑料工业中的合作紧密而且专业化程度高,塑料的生产、加工和机械制造紧密相连,即使在将来,这一行业也将是一个重要的经济部门。因为塑料几乎无处不在,从汽车和电子工业到消费品和食品工业,机械制造作为联系生产和加工的工艺技术在此发挥着至关重要的作用。原材料通过注塑机和工具被加工成用于精加工的创新型精细耐用的成品或半成品——通过采用自动化解决方案,生产工艺更高效、经济可靠。

要跻身塑料工业需符合极为严格的标准。这对机器人来说当然毫无问题。它不仅最适用于在净室环境标准下生产工具,而且也可在注塑机旁完成高强度作业。即使在高标准的生产环境下，它也能可靠地提高各种工艺的经济效益。因为机器人可完成一系列操作、拾放和精加工作业。如图6-5所示是工业机器人在橡胶及塑料工业中的应用。

图6-5　工业机器人在橡胶及塑料工业中的应用

以其多面手的特质，机器人的作业快速、高效、灵活。它结实耐用，能承受较重的载荷。由此可以最佳地满足日益增长的质量和生产效率的要求并确保企业在今后的市场竞争中具有决定性的竞争优势。

2. 铸造行业

工业机器人可在极端的工作环境下进行多班作业——铸造领域的作业使工人和机器遭受沉重负担。制造强劲的专门适用于极重载荷的库卡铸造机器人的另一个原因是用于高污染、高温或外部环境恶劣的领域。图6-6所示是工业机器人在铸造行业中的应用。

图6-6　工业机器人在铸造行业中的应用

操作简便的控制系统和专用的软件包使机器人的应用十分灵活——无论是直接用于注塑机还是用于连接两道工序,或是用于运输极为沉重的工件。工业机器人具有最佳的定位性能、很高的承载力以及可以安全可靠地进行高强度作业等优势。

机器人以其模块化的结构设计、灵活的控制系统、专用的应用软件能够满足铸造行业整个自动化应用领域的最高要求。它不仅防水,而且耐脏、抗热。

它甚至可以直接在注塑机旁、内部和上方取出工件。此外,它还可以可靠地将工艺单元和生产单元连接起来。另外,在去毛边、磨削或钻孔等精加工作业以及进行质量检测方面,机器人表现非凡。

3. 化工行业

化工行业是工业机器人主要应用领域之一。目前应用于化工行业的主要洁净机器人及其自动化设备有大气机械手、真空机械手、洁净镀膜机械手、洁净 AGV、RGV 及洁净物流自动传输系统等。很多现代化工业品生产要求精密化、微型化、高纯度、高质量和高可靠性,在产品的生产中要求有一个洁净的环境,洁净度的高低直接影响产品的合格率,洁净技术按照产品生产对洁净生产环境的污染物的控制要求、控制方法以及控制设施的日益严格而不断发展。因此,在化工领域,随着未来更多的化工生产场合对于环境清洁度的要求越来越高,洁净机器人将会得到进一步的利用,因此其具有广阔的市场空间。图 6-7 所示是工业机器人在化工行业中的应用。

图 6-7 工业机器人在化工行业中的应用

合成橡胶自动化码垛装箱机器人在齐鲁石化橡胶厂已投用。长期以来,该厂采用人工码垛方式,不仅耗费大量人力,而且员工劳动强度大。自从用了机器人,每小时可完成 600 块合成橡胶的装箱任务,最高纪录是 3 min 装满一箱。它可完成多种型号的国际标准集装箱的作业，每年可节省人工成本 48 万元并实现集装箱系统的重复使用，减少公用工程建设以及包装袋塑料降解的费用。

4. 玻璃行业

无论是生产空心玻璃、平面玻璃、管状玻璃，还是玻璃纤维（现代化、含矿物的高科技材料是电子和通信、化学、医药和化妆品工业中非常重要的组成部分），都可应用工业机器人。而且如今它对于建筑工业和其他工业分支来说也是不可或缺的，特别是对于洁净度要求非常高的玻璃，工业机器人是最好的选择。图 6-8 所示是工业机器人在玻璃行业中的应用。

图 6-8 工业机器人在玻璃行业中的应用

5. 冶金及金属加工行业

无论哪种金属制品的使用都离不开冶炼、成型、加工，而这些工作往往都存在高危险性，而且如果没有自动化和轮班作业，就无法确保生产的经济效益和企业竞争力。

工业机器人在冶金和金属加工中的主要工作范围包括工作环境极端的岗位工作、焊接、钻孔、切割、打磨抛光以及与各类加工设备如折弯机、冲压设备、数控车床、数控加工中心等的高效安全协作。图 6-9 所示是工业机器人在冶金行业中的应用。

即使在铸造领域，配备了专用的铸造装备的库卡机器人也显示了其非凡的实力，它具有使用寿命长、耐高温、防水和防灰尘等优势。此外，库卡机器人还可以独立完成表面检测等检测工作，从而为高效的质量管理做出重要贡献。

6. 烟草行业

工业机器人在我国烟草行业的应用出现在 20 世纪 90 年代中期，玉溪卷烟厂采用工业机器人对其卷烟成品进行码垛作业，用 AGV（自行走小车）搬运成品托盘，节省了大量人力,减少了烟箱破损,提高了自动化水平。图 6-10 所示是工业机器人在烟草行业中的应用。

图 6-9 工业机器人在冶金行业中的应用

图 6-10 工业机器人在烟草行业中的应用

先进的生产设备必须配备与之相应的管理方法和后勤保障系统,才能真正发挥设备的高效益,如卷烟原、辅料的配送,就需要先进的自动化物流系统来完成,传统的人工管理、人工搬运极易出错,又不准时,已不能适应生产发展的需要。精准的工业机器人被应用于这个领域是发展的要求。

7. 家用电器行业

白色家电的大型设备领域对经济性和生产率的要求也越来越高。降低工艺成本,提高生产效率成为重中之重,自动化解决方案可以优化家用电器的生产。无论是批量生产洗衣机滚筒或是给浴缸上釉,使用机器人可以更经济有效地完成生产、加工、搬运、测量和检验工作,可以连续可靠地完成生产任务,无须经常将沉重的部件中转。由此可以确保生产流水线的物料流通顺畅,而且始终保持恒定高质量。如图 6-11 所示是工业机器人在家用电器行业中的应用。

图 6-11 工业机器人在家用电器行业中的应用

机器人所具有的最高的生产率、重复性的高精确度、很高的可靠性以及光学和触觉性能使得机器人几乎可以运用到家用电器生产工艺流程的所有方面。

6.3 工业机器人应用综合案例

6.3.1 EFORT-C60 系列机器人完成冲压上下料任务

1. 工业机器人应用在冲压领域的优势

机器人在冲压领域的应用，正显露出越来越大的优点。冲压机器人正在被广泛地应用到冲压领域，随着冲压机器人技术的不断发展和日臻完善，它将给冲压领域带来一次巨大的变革。一是可以提高生产过程的自动化程度，应用机器人，有利于提高冲压车间材料的传送、工件的装卸、刀具的更换以及机器的装配等的自动化程度，从而可以提高劳动生产率，降低生产成本，加快实现工业生产机械化和自动化的步伐。二是可替代人工进行危险性作业。在某些冲压领域，不少的工序是很有危险性的，冲压行业的原理就是利用冲床的重量冲压来进行生产，其人工在一旁操作危险性很大。

2. 模拟冲压单元主要组成部件介绍

（1）模拟冲压单元的组成。

模拟冲压单元是结合实际的冲压装置模拟的实训单元，由上下料区（见图 6-12）、冲压单元（见图 6-13）、EFORT-ER3A-C60 机器人组成。冲压的整个流程是机器人从"上料区"抓取物件到"冲压上料区"，然后冲压系统模拟冲压过程，冲压完成后，机器人再从"冲压取料区"下料到"下料区"。

图 6-12　上、下料区

图 6-13　冲压单元

（2）冲压单元控制。

整个冲压单元是由 3 个气缸传动，首先 3 个气缸都处于初始位置，机器人把产品搬运到上料仓内，然后气缸 1 动作，将整个上料仓推到加工仓，等待上料仓到达加工仓后，气缸 2 动作将产品推入加工仓里加工，产品推入后，气缸 1、气缸 2 收回。等待加工完成后，气缸 3 把成品推出，机器人再把产品取出，如图 6-14 所示。

3. 创建工具坐标

创建工具坐标在冲压案例中需要使用到夹具，如图 6-15 所示，下面介绍一下夹具的工具坐标系的建立。

利用"4 点法"示教并计算工具中心点 TCP 位置的步骤如下：

第一步：选择要刷新的坐标系索引号，本例中为第 10 号工具坐标系，选择"4 点法"示教模式，如图 6-16 所示。

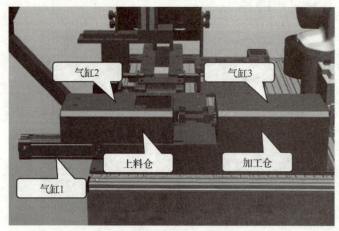

图 6-14 冲压单元控制

图 6-15 创建工具坐标

第二步：将待测工具的尖端点 TCP 从第一个方向靠近一个固定参照点。在伺服电源接通的情况下单击"记录 P1"按钮，记录第一个位置点。记录按钮为延时触发型按钮，需要保持按下状态约 2 s 时间，记录按钮才会生效。P1 点记录完成后"记录 P1"按钮旁边的指示灯会由灰色转变为绿色。如果是重新记录 P1 点，则该指示灯由绿色变为灰色，再变为绿色，如图 6-17 所示。

第三步：将待测工具的尖端点 TCP 从第二个方向靠近同一个固定参照点。在伺服电源接通的情况下单击"记录 P2"记录按钮，记录第二个位置点，如图 6-18 所示。

第四步：将待测工具的尖端点 TCP 从第三个方向靠近同一个固定参照点。在伺服电源接通的情况下单击"记录 P3"按钮，记录第三个位置点，如图 6-19 所示。

第五步：将待测工具的尖端点 TCP 从第四个方向靠近同一个固定参照点。在伺服电源接通的情况下单击"记录 P4"按钮，记录第四个位置点，如图 6-20 所示。

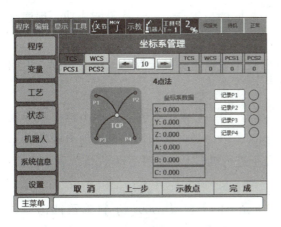

图 6-16 选择要刷新的坐标系索引号

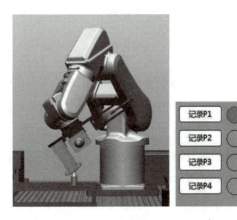

图 6-17 记录 P1 点

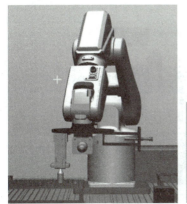

图 6-18 记录 P2 点

图 6-19 记录 P3 点

图 6-20 记录 P4 点

第六步:"4 点法"所需的 4 个位置点记录完成,"计算"按钮出现并可以操作。单击"计算"按钮,自动计算 TCP 位置点数据并显示计算结果。"计算"按钮为延时触发型按钮,需要保持按下状态约 2 s 时间,"计算"按钮才会生效。

注意：如果"4点法"中记录了两个或多个相同的位置点，则计算不能成功，程序会报告错误。

第七步：单击"完成"按钮，保存记录的示教位置点坐标及计算的坐标系数据，返回到坐标系管理主界面。

第八步：单击"设为当前"按钮，将新计算的 TCP 工具作为法兰末端工具。到此为止，已完成从工具坐标系计算到切换新计算出来的工具为当前使用的工具的所有步骤，工具坐标系计算并切换成功，现在可以在新的工具下进行机器人的各种运动了。

4. 模拟冲压点位示教

本案例中，一共需要示教 10 个点，即冲压单元上的上料点 p909、下料单元 p910（见图 6-21），以及上料区（p901~p904）与下料区（p905~p908）的 8 个点，如图 6-22 所示。在示教的过程中需用夹具夹起物料去示教，如图 6-23 所示。

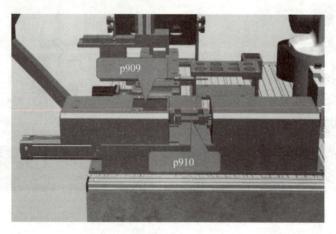

图 6-21 示教的 p909、p910 两点位

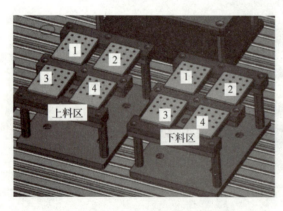

图 6-22 示教的 p901~p908 八点位

图 6-23 示教过程

5. 冲压程序的编写

****************************** 机器人冲压程序 ******************************

1,SPEED,SP=50   //设置速度为50%;
2,COORD_NUM,COOR=WCS,ID=0   //设置世界坐标系为0号;
3,COORD_NUM,COOR=TCS,ID=0   //设置工具坐标系为10号,对应夹具;
4,SET,I=1,VALUE=1   //赋值整数型变量I1的初始值为1;
5,SETE,P=913,.1,VALUE=0   //赋值位置型变量P913的X值为0;P913在程序中做偏移用
6,SETE,P=913,.2,VALUE=0   //赋值位置型变量P913的Y值为0;
7,SETE,P=913,.3,VALUE=100   //赋值位置型变量P913的Z值为100;
8,SETE,P=913,.4,VALUE=0   //赋值位置型变量P913的A值为0;
9,SETE,P=913,.5,VALUE=0   //赋值位置型变量P913的B值为0;
10,SETE,P=913,.6,VALUE=0   //赋值位置型变量P913的C值为0;
11,WHILE,I=1,LT,VALUE=5,DO //WHILE循环,条件I1<5;I1计数用
12,DOUT,DO=0.10,VALUE=0   //复位冲压单元;
13,DOUT,DO=0.9,VALUE=0   //复位夹具,打开夹具;
14,WAIT,DI=0.11,VALUE=1,T=0,s,B=1 //等待夹具张开信号为1,确认夹具张开状态;
15,IF,I=1,EQ,VALUE=1,THEN   //IF条件I1=1时;
16,SET,P=911,P=901   //抓取区点P901赋值给P911,P911在程序中使用;
17,SET,P=912,P=905   //放置区点P905赋值给P912,P912在程序中使用;
18,END_IF
19,IF,I=1,EQ,VALUE=2,THEN   //IF条件I1=2时;
20,SET,P=911,P=902   //抓取区点P902赋值给P911,P911在程序中使用;
21,SET,P=912,P=906   //放置区点P906赋值给P912,P912在程序中使用;
22,END_IF
23,IF,I=1,EQ,VALUE=3,THEN   //IF条件I1=3时;
24,SET,P=911,P=903   //抓取区点P903赋值给P911,P911在程序中使用;
25,SET,P=912,P=907   //放置区点P907赋值给P912,P912在程序中使用;
26,END_IF
27,IF,I=1,EQ,VALUE=4,THEN   //IF条件I1=4时;
28,SET,P=911,P=904   //抓取区点P904赋值给P911,P911在程序中使用;
29,SET,P=912,P=908   //放置区点P908赋值给P912,P912在程序中使用;
30,END_IF
31,ADD,P=911,P=911,P=913   //P911加P913,P913的Z值是100,所以现在P911点在抓取点上方100mm处;
32,MOVJ,P=911,V=20,BL=5,VBL=0,pose=0 //MOVJ关节运动到抓取点上方100mm处;
33,SUB,P=911,P=911,P=913   //P911减P913,P913的Z值是100,所以现在P911点在抓取点处;

34,MOVL,P=911,V=20,BL=0,VBL=0,pose=0   //MOVL 线性运动到抓取点处；

35,DOUT,DO=0.9,VALUE=1   //夹具夹起物料；

36,WAIT,DI=0.10,VALUE=1,T=0,s,B=1   //等待夹具夹紧；

37,ADD,P=911,P=911,P=913   //P911 加 P913,P913 的 Z 值是 100,所以现在 P911 点在抓取点上方 100 mm 处；

38,MOVL,P=911,V=20,BL=5,VBL=0,pose=0   //MOVL 线性运动到抓取点上方 100 mm 处；

39,SET,P=911,P=909   //冲压区上料点 P909 赋值给 P911,P911 在程序中使用；

40,ADD,P=911,P=911,P=913   //P911 加 P913,P913 的 Z 值是 100,所以现在 P911 点在抓取点上方 100 mm 处；

41,MOVJ,P=911,V=20,BL=5,VBL=0,pose=0   //MOVJ 关节运动到冲压区上料点上方 100 mm 处；

42,SUB,P=911,P=911,P=913   //P911 减 P913,P913 的 Z 值是 100,所以现在 P911 点在冲压区上料点处；

43,MOVL,P=911,V=20,BL=0,VBL=0,pose=0   //MOVL 线性运动到冲压区上料点处；

44,DOUT,DO=0.9,VALUE=0   //复位夹具,打开夹具,将物料上料到冲压装置上；

45,WAIT,DI=0.11,VALUE=1,T=0,s,B=1   //等待夹具张开信号为 1,确认夹具张开状态；

46,ADD,P=911,P=911,P=913   //P911 加 P913,P913 的 Z 值是 100,所以现在 P911 点在抓取点上方 100 mm 处；

47,MOVL,P=911,V=20,BL=5,VBL=0,pose=0   //MOVL 线性运动到冲压区上料点上方 100 mm 处；

48,DOUT,DO=0.10,VALUE=1   //启动冲压单元；

49,WAIT,DI=0.12,VALUE=1,T=0,s,B=1   //等待冲压完成信号；

50,SET,P=911,P=910   //冲压区下料点 P910 赋值给 P911,P911 在程序中使用；

51,ADD,P=911,P=911,P=913   //P911 加 P913,P913 的 Z 值是 100,所以现在 P911 点在冲压区下料点上方 100 mm 处；

52,MOVJ,P=911,V=20,BL=5,VBL=0,pose=0   //MOVJ 关节运动到冲压区下料点上方 100 mm 处；

53,SUB,P=911,P=911,P=913   //P911 减 P913,P913 的 Z 值是 100,所以现在 P911 点在冲压区下料点处；

54,MOVL,P=911,V=20,BL=0,VBL=0,pose=0   //MOVL 线性运动到冲压区上料点处；

55,DOUT,DO=0.9,VALUE=1   //夹具夹起物料；

56,WAIT,DI=0.10,VALUE=1,T=0,s,B=1   //等待夹具夹紧；

57,ADD,P=911,P=911,P=913   //P911 加 P913,P913 的 Z 值是 100,所以现在 P911 点在冲压区下料点上方 100 mm 处；

58,MOVL,P=911,V=20,BL=5,VBL=0,pose=0   //MOVL 线性运动到冲压区下料点上方 100 mm 处；

59,DOUT,DO=0.10,VALUE=0   //复位冲压单元；

60,ADD,P=912,P=912,P=913   //P912 加 P913,P913 的 Z 值是 100,所以现在 P912 点在放置点上方 100 mm 处；

```
61,MOVJ,P=912,V=20,BL=5,VBL=0,pose=0       //MOVJ 关节运动到放置点上方 100 mm 处；
62,SUB,P=912,P=912,P=913    //P912 减 P913,P913 的 Z 值是 100,所以现在 P912 点在放置点处；
63,MOVL,P=912,V=20,BL=0,VBL=0,pose=0       //MOVL 线性运动到放置点处；
64,DOUT,DO=0.9,VALUE=0      //复位夹具,打开夹具,将冲压完成物料放回放置区；
65,WAIT,DI=0.11,VALUE=1,T=0,s,B=1    //等待夹具张开信号为 1,确认夹具张开状态；
66,ADD,P=912,P=912,P=913     //P912 加 P913,P913 的 Z 值是 100,所以现在 P912 点在放
置点上方 100 mm 处；
67,MOVL,P=912,V=20,BL=5,VBL=0,pose=0       //MOVL 线性运动到放置点上方 100 mm 处；
68,INC,I=1       //计数变量 I1 加 1；
69,END_WHILE
70,MOVJ,P=914,V=20,BL=0,VBL=0,pose=0       //冲压完成后,回到原点 P14；
```

6.3.2 EFORT-C60 系列机器人完成搬运码垛任务

1. 工业机器人在码垛中的优势

码垛,用很通俗的语言来说就是将物品整齐地堆放在一起,起初都是由人工进行,随着发展,人已经慢慢地退出了这个舞台,取而代之的则是机器人。机器人码垛的优点是显而易见的,从近期看,可能刚开始投入的成本看上去会很高,但是从长期的角度来看,还是很不错的,从工作效率来说,机器人码垛不仅速度快、美观,而且可以不间断地工作,大大地提高了工作效率,人工码垛还存在很多危险性,机器人码垛,则效率和安全一手抓,因此适用范围广。

2. EFORT-C60 系列机器人搬运码垛单元主要组成部件介绍

EFORT-C60 系列搬运码垛机器人工作站如图 6-24 所示,自动上料单元的控制如图 6-25 所示。

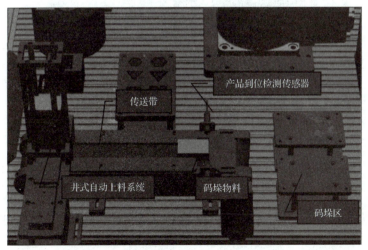

图 6-24　EFORT-C60 系列搬运码垛机器人工作站

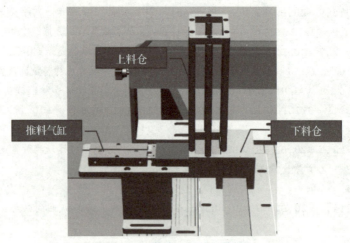

图 6-25　自动上料单元的控制

工件垂直叠放在料仓中，推料气缸处于上料仓的底层并且其活塞杆可从上料仓的底部通过。

当活塞杆在退回位置时，它与最下层工件处于同一水平位置，在需要将工件推出到物料台上时，推料气缸活塞杆推出，从而把最下层工件推到下料仓内，在推料气缸返回并从料仓底部抽出后，下料仓内的工件在重力的作用下，掉落到输送线上，同时上料仓中的工件在重力的作用下就自动向下移动一个工件，为下一次推出工件做好准备。

3. 创建吸盘的工具坐标系

在搬运码垛案例中，需要使用到吸盘工具，如图 6-26 所示。下面介绍一下吸盘工具坐标系的建立。

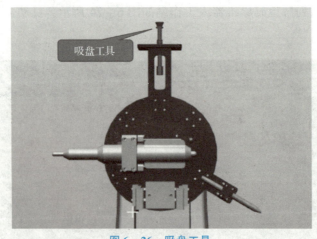

图 6-26　吸盘工具

利用"4 点法"示教并计算工具中心点 TCP 位置，其步骤与 6.3.1 节相同，在此不再重复。

4. 搬运码垛点位示教

本案例中，一共需要示教 5 个点，即原点 P14、码垛区的过渡点 P15（见图 6-27）、输送线上的物料抓取点 P16、码垛区放料点 P17 和 P18（见图 6-28）。

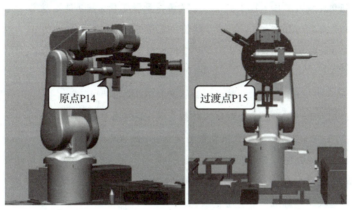

图 6-27　原点 P14 与过渡点 P15

图 6-28　抓取点 P16 与放料点 P17、P18

5. 搬运码垛程序的编写

```
********************* 机器人搬运码垛程序 *********************
1,SPEED,SP =50          //设置速度为50% ;
2,COORD_NUM,COOR = WCS,ID = 0      //设置世界坐标系为 0 号;
3,COORD_NUM,COOR = TCS,ID = 0      //设置工具坐标系为10号,对应吸盘;
4,SETE,P = 913,.1,VALUE = 0      //赋值位置型变量 P913 的 X 值为 0;P913 在程序中做偏移用
5,SETE,P = 913,.2,VALUE = 0      //赋值位置型变量 P913 的 Y 值为 0;
6,SETE,P = 913,.3,VALUE = 100    //赋值位置型变量 P913 的 Z 值为 100;
7,SETE,P = 913,.4,VALUE = 0      //赋值位置型变量 P913 的 A 值为 0;
8,SETE,P = 913,.5,VALUE = 0      //赋值位置型变量 P913 的 B 值为 0;
```

9,SETE,P=913,.6,VALUE=0   //赋值位置型变量 P913 的 C 值为 0;
10,SETE,P=919,.1,VALUE=0   //赋值位置型变量 P919 的 X 值为 0;
11,SETE,P=919,.2,VALUE=0   //赋值位置型变量 P919 的 Y 值为 0;
12,SETE,P=919,.3,VALUE=100   //赋值位置型变量 P919 的 Z 值为 100;
13,SETE,P=919,.4,VALUE=0   //赋值位置型变量 P919 的 A 值为 0;
14,SETE,P=919,.5,VALUE=0   //赋值位置型变量 P919 的 B 值为 0;
15,SETE,P=919,.6,VALUE=0   //赋值位置型变量 P919 的 C 值为 0;
16,SET,R=1,VALUE=80   //赋值实数型变量 R1 的值为 80;
17,SET,R=2,VALUE=60   //赋值实数型变量 R1 的值为 60;
18,SET,I=4,VALUE=1   //赋值整数型变量 I4 的值为 1;
19,MOVJ,P=15,V=20,BL=5,VBL=0,pose=0   //MOVJ 关节运动到码垛区的过渡点 P15;
20,DOUT,DO=0.11,VALUE=1   //启用码垛功能,DO11 为 1 时,码垛功能开启,并在上升沿时推料一次。这里启用码垛功能时需一直为 1 的状态;
21,WHILE,I=4,LT,VALUE=9,DO   //WHILE 循环,条件 I4<9;I4 计数用
22,WAIT,DI=0.13,VALUE=1,T=0,s,B=1   //等待输送线上的产品到位,DI13 对应光电对射传感器;
23,IF,I=4,GE,VALUE=8,THEN   //根据码垛次数 I4 的值,停用码垛功能,这里是码垛 8 次,所以条件是 I4>8;
24,DOUT,DO=0.11,VALUE=0   //停用码垛功能
25,END_IF
26,SET,P=911,P=16   //输送线上抓取点 P16 赋值给 P911,P911 在程序中使用;
27,ADD,P=911,P=911,P=913   //P911 加 P913,P913 的 Z 值是 100,所以现在 P911 点在抓取点上方 100 mm 处;
28,MOVJ,P=911,V=20,BL=5,VBL=0,pose=0   //MOVJ 关节运动到抓取点上方 100 mm 处;
29,SUB,P=911,P=911,P=913   //P911 减 P913,P913 的 Z 值是 100,所以现在 P911 点在抓取点处;
30,MOVL,P=911,V=20,BL=0,VBL=0,pose=0   //MOVL 线性运动到抓取点处;
31,DOUT,DO=0.8,VALUE=1   //吸盘吸取物料;
32,WAIT,DI=0.9,VALUE=1,T=0,s,B=1   //等待真空检测信号 DI09 为 1;
33,ADD,P=911,P=911,P=913   //P911 加 P913,P913 的 Z 值是 100,所以现在 P911 点在抓取点上方 100 mm 处;
34,MOVL,P=911,V=20,BL=5,VBL=0,pose=0   //MOVL 线性运动到抓取点上方 100 mm 处;
35,IF,I=4,EQ,VALUE=1,THEN   //IF 条件 I4=1 时;
36,SET,P=912,P=17   //码垛区 1 放料原点 P17 赋值给 P912,P912 在程序中使用;
37,SETE,P=919.1,VALUE=0.0   //赋值位置型变量 P919 的 X 值为 0;放料时 X 方向偏移用;
38,SETE,P=919.2,VALUE=0.0   //赋值位置型变量 P919 的 Y 值为 0;放料时 Y 方向偏移用;
39,END_IF

40,IF,I=4,EQ,VALUE=2,THEN   //IF 条件 I4=2 时;
41,SET,P=912,P=17   //码垛区 1 放料原点 P17 赋值给 P912,P912 在程序中使用;
42,SETE,P=919.1,R=1   //将实数型变量 R1 中的值赋值位置型变量 P919 的 X;放料时 X 方向偏移用;
43,SETE,P=919.2,VALUE=0.0   //赋值位置型变量 P919 的 Y 值为 0;放料时 Y 方向偏移用;
44,END_IF
45,IF,I=4,EQ,VALUE=3,THEN   //IF 条件 I4=3 时;
46,SET,P=912,P=17   //码垛区 1 放料原点 P17 赋值给 P912,P912 在程序中使用;
47,SETE,P=919,.1,VALUE=0.0   //赋值位置型变量 P919 的 Y 值为 0;放料时 Y 方向偏移用;
48,SETE,P=919,.2,R=2   //将实数型变量 R2 中的值赋值位置型变量 P919 的 Y;放料时 Y 方向偏移用;
49,END_IF
50,IF,I=4,EQ,VALUE=4,THEN   //IF 条件 I4=4 时;
51,SET,P=912,P=17   //码垛区 1 放料原点 P17 赋值给 P912,P912 在程序中使用;
52,SETE,P=919,.1,R=1   //将实数型变量 R1 中的值赋值位置型变量 P919 的 X;放料时 X 方向偏移用;
53,SETE,P=919.2,R=2   //将实数型变量 R2 中的值赋值位置型变量 P919 的 Y;放料时 Y 方向偏移用;
54,END_IF
55,IF,I=4,EQ,VALUE=5,THEN   //IF 条件 I4=5 时;
56,SET,P=912,P=18   //码垛区 2 放料原点 P18 赋值给 P912,P912 在程序中使用;
57,SETE,P=919,.1,VALUE=0.0   //赋值位置型变量 P919 的 X 值为 0;放料时 X 方向偏移用;
58,SETE,P=919.2,VALUE=0.0   //赋值位置型变量 P919 的 Y 值为 0;放料时 Y 方向偏移用;
59,END_IF
60,IF,I=4,EQ,VALUE=6,THEN   //IF 条件 I4=6 时;
61,SET,P=912,P=18   //码垛区 2 放料原点 P18 赋值给 P912,P912 在程序中使用
62,SETE,P=919.1,R=1   //将实数型变量 R1 中的值赋值位置型变量 P919 的 X;放料时 X 方向偏移用;
63,SETE,P=919,.2,VALUE=0.0   //赋值位置型变量 P919 的 Y 值为 0;放料时 Y 方向偏移用;
64,END_IF
65,IF,I=4,EQ,VALUE=7,THEN   //IF 条件 I4=7 时;
66,SET,P=912,P=18   //码垛区 2 放料原点 P18 赋值给 P912,P912 在程序中使用
67,SETE,P=919,.1,VALUE=0.0   //赋值位置型变量 P919 的 X 值为 0;放料时 X 方向偏移用;
68,SETE,P=919,.2,R=2   //将实数型变量 R2 中的值赋值位置型变量 P919 的 Y;放料时 Y 方向偏移用;
69,END_IF
70,IF,I=4,EQ,VALUE=8,THEN   //IF 条件 I4=8 时;

```
71,SET,P=912,P=18              //码垛区2放料原点P18赋值给P912,P912在程序中使用
72,SETE,P=919.1,R=1            //将实数型变量R1中的值赋值位置型变量P919的X;放料时X方
向偏移用;
73,SETE,P=919.2,R=2            //将实数型变量R2中的值赋值位置型变量P919的Y;放料时Y方
向偏移用;
74,END_IF
75,ADD,P=912,P=912,P=919       //P912加P919,P919的X值和Y值是相对于放料点的偏移值,
P919的Z值是100,所以现在P912点在放置点上方100 mm处;
76,MOVJ,P=912,V=20,BL=5,VBL=0,pose=0    //MOVJ关节运动到放置点上方100 mm处;
77,SUB,P=912,P=912,P=913       //P912减P913,P913的Z值是100,所以现在P912点在
放置点处;
78,MOVL,P=912,V=20,BL=0,VBL=0,pose=0    //MOVL线性运动到放置点处;
79,DOUT,DO=0.8,VALUE=0         //关真空吸盘;
80,WAIT,DI=0.9,VALUE=0,T=0,s,B=1        //等待真空检测信号为0
81,ADD,P=912,P=912,P=913       //P912加P913,P913的Z值是100,所以现在P912点在
放置点上方100 mm处;
82,MOVL,P=912,V=20,BL=5,VBL=0,pose=0    //MOVL线性运动到放置点上方100 mm处;
83,INC,I=4                     //计数变量I4加1;
84,END_WHILE
85,MOVJ,P=15,V=20,BL=5,VBL=0,pose=0     //码垛完成后,回到过渡点P15;
86,MOVJ,P=14,V=20,BL=0,VBL=0,pose=0     //码垛完成后,回到原点P14;
```

6.3.3 焊接机器人系统及应用

工业机器人已广泛应用于汽车及汽车零部件制造业、机械加工行业、电子电气行业、橡胶及塑料工业、食品工业、木材与家具制造业等领域。在工业生产中,弧焊机器人、点焊机器人、喷涂机器人及装配机器人等都已被大量采用。

焊接机器人是从事焊接作业的工业机器人,主要分为弧焊机器人和点焊机器人两大类,广泛应用于汽车及其零部件制造、摩托车、工程机械等行业。汽车行业是焊接机器人的最大用户,也是最早的用户。焊接机器人在汽车生产的冲压、焊装、涂装和总装四大生产工艺过程中都有广泛的应用。据统计,汽车制造和汽车零部件生产企业中的焊接机器人占全部焊接机器人的70%,其中点焊机器人与弧焊机器人的比例为1:3。焊接机器人主要包括机器人和焊接设备两部分。机器人由机器人本体和控制柜组成;而焊接设备,以弧焊和点焊为例,则由焊接电源、送丝机(弧焊)、焊枪(钳)等部分组成。更专业的焊接机器人还有传感器检测,如激光或摄像传感器及其控制装置等。

(一) 焊接机器人的选用

选用焊接机器人时，应从以下几个方面进行考虑。

1. 机器人的承载能力

机器人负载包括腕部的负载和背部（上臂）的负载。机器人用于弧焊时，其腕部负载包括焊枪、把持器、防碰撞传感器以及焊接集成电缆，一般为 4~6 kg，而安装在机器人背部的送丝机构一般在 12 kg 左右，因此，要求机器人腕部具备 6 kg 以上的承载能力，背部具备 12 kg 以上的承载能力。

机器人用于点焊时，因焊钳质量、大小差别较大，所以，对机器人承载能力的选择也更为重要。常用点焊机器人腕部的握重一般在 20 kg 以上。当使用大型焊钳时，就有必要选用 100 kg、165 kg 甚至具有更大握重的机器人。

2. 机器人的自由度数

机器人焊接作业不同于搬运作业，因为焊接工艺的需要，要求机器人具有一定的灵活性。为了实现各种焊接姿态，一般要求机器人至少具备 6 个自由度。

3. 机器人的作业范围

焊接机器人的作业范围即腕部回转中心达到的最大空间。机器人装上焊枪或焊钳后，工具末端所能到达的空间范围会更大，但是，因为焊接姿态的需要，焊枪或焊钳末端经常会在靠近机器人的空间作业。所以，在对机器人的作业范围进行选择时要考虑焊枪或焊钳在靠近机器人的空间作业时的可达范围。

4. 机器人的重复定位精度

机器人的重复定位精度包含两个方面：一是点到点的重复定位精度；二是轨迹的重复定位精度，弧焊机器人的重复定位精度一般要求为 ±0.1 mm，点焊机器人的重复定位精度一般要求为 ±0.5 mm。目前，生产厂商提供的机器人重复定位精度一般小于 ±0.05 mm，可以满足焊接作业要求。

5. 机器人的存储容量

机器人的存储容量一般是以所能存储示教程序的步数和动作指令的条数来标注的。焊接机器人一般要求能够存储 3 000 步程序和 1 500 条指令以上，存储容量是可以追加的。

6. 机器人的干涉性

机器人的上臂与工件、焊枪（焊钳）与工件、焊接电缆与工件，机器人上臂与焊接电缆、焊接电缆与变位机构、机器人与机器人之间都会发生干涉，因此，机器人的干涉性也是一个重要的方面。如果机器人要伸入工件内部进行焊接作业或者需要高密度配置机器人，则应该选用干涉性较小的机器人，也就是焊接电缆内置型的机器人。

7. 机器人的安装形式

机器人的安装形式有落地式、壁挂式、倒挂式等，以壁挂和倒挂方式安装时，对机器人的腰部要做特别处理。因此，用户在订货时要特别说明。

8. 机器人的软件功能

弧焊机器人必须具备弧焊基本功能，如规范参数的设定、引弧熄弧、引弧熄弧确认、再引弧、再启动、防粘丝、摆焊、手动送丝、手动退丝、再现时规范参数的修订，脉冲参数的任意设定等。如果需要，还可以选加始端检出、焊缝跟踪、多层焊等功能。如果应用于需要高频引弧的焊接方法，还必须具备防高频干扰功能。点焊机器人在具备点焊功能的同时，还必须具备空打功能、手动点焊功能、电极粘连检出功能、自动修正电极修磨量功能等。在操作中，机器人应该具备坐标系选择、示教点修正、点动操作、手动试运转、通信等功能。在安全方面，机器人应该具备安全速度设定、示教锁定、干涉领域监视、试运转检查、自诊断以及报警显示等功能。如果需要外部轴扩展，则需要确认机器人的外部轴控制轴数以及外部轴协调能力等。

9. 机器人的安装环境

对机器人的安装环境一般有如下要求。

温度：运转时 0~45 ℃，运输保管时 -10~60 ℃。

湿度：最大 90%，不允许结露。

振动：0.5 g 以下。

电源：AC 380 V（-15% ~ +10%）。

其他：避免易燃、腐蚀性气体、液体，勿溅水、油、粉尘等，勿靠近电气噪声源。

因此，在选用机器人时，要将机器人的安装环境与自己工厂的环境做比较。

（二）弧焊机器人系统的组成

弧焊机器人系统包括机器人和焊接设备两大部分，其基本组成如图 6-29 所示。机器人由机器人本体和控制系统组成。焊接设备主要是由焊接电源（包括其控制系统）、送丝机、焊枪和防碰撞传感器等组成。以上各部分以机器人控制系统为基础，通过软、硬件之间的连接，有机结合为一个完整的焊接系统。在实际的工程应用中，通常会辅以弧焊机器人各种形式的周边设施，如机器人底座、变位机、工件夹具、清枪剪丝装置、围栏、安全保护设施等，用来完善弧焊机器人的应用功能，也就是工业生产中俗称的弧焊机器人焊接工作站。

1. 弧焊机器人的基本功能

在弧焊过程中，要求焊枪跟踪焊件的焊道运动，并不断填充金属以形成焊缝。因此，运动过程中速度的稳定性和轨迹精度是两项重要的指标。对焊丝端头的运动轨迹、焊枪姿态、焊接参数都要求精确控制。

从结构形式上看，虽然机器人具有 5 个自由度就可以用于电弧焊，但是将其用于复杂形状的焊缝时会有困难。因此，通常选用六自由度机器人进行焊接操作。弧焊机器人除做"之"字形拐角焊或小直径圆焊缝焊接时，其轨迹应贴近示教的轨迹之外，还应具备不同摆动样式的软件,供编程时选用,以便做摆动焊,而且摆动在每一周期中停顿点处,机器人也应自动停止向前运动,以满足工艺要求。此外,其还应具有自动寻找焊缝起点位置、电弧跟踪及自动再引弧功能等。

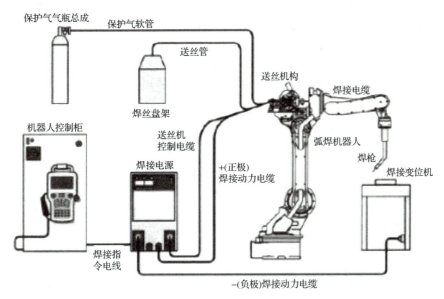

图 6-29　弧焊机器人的基本组成

2. 焊接设备

弧焊机器人一般较多采用熔化极气体保护焊(如 MAG 焊、MIG 焊、CO_2 焊等)或者非熔化极气体保护焊(如 TIG 焊、等离子焊等)方法。无论哪一种方法都需要焊接电源、焊枪、送丝机和防碰撞传感器,但对于不填丝的 TIG 焊或者等离子焊就不必配备送丝机。

(1)焊接电源。

通常晶闸管式、逆变式、波形控制式、脉冲或者非脉冲式等焊接电源都可以装到弧焊机器人上做电弧焊。由于机器人控制柜采用数字控制,而焊接电源多为模拟控制,所以需要在焊接电源与控制柜之间加一个 D/A(数/模)转换接口。近年来,机器人制造厂商都有自己特定的配套焊接设备,焊接设备与机器人控制柜之间设计有专用接口板,便于控制参数的调整与匹配,可大大缩短安装调试时间,方便维护。应当指出,在弧焊机器人工作周期中电弧时间所占比例较大,因此在选择焊接电源时,一般应该按 100% 的负载持续率来确定电源容量。

(2)送丝机。

送丝机一般由焊丝盘、送丝电动机、减速装置、送丝滚轮、压紧装置及送丝软管等组成。弧焊机器人配备的送丝机可以按两种方式安装:一种是将送丝机安装在机器人的上臂上与机器人组成一体;另一种是将送丝机与机器人分开安装。采用前一种安装方式时,焊枪到送丝机之间的软管较短,有利于保持送丝稳定性;采用后一种安装方式时,机器人把焊枪送到某些位置时软管将处于多弯曲状态,会严重影响送丝质量。所以弧焊机器人均采用第一种安装方式,以保证送丝质量的稳定。送丝机的送丝速度控制方法有开环和闭环两种。大部分送丝机仍采用开环控制方法,但也有一些采用装有光电传感器的伺服电机,对送丝速度实现了闭环控制,不受网路电压或送丝阻力的影响,从而可提高送丝的稳定性。

(3) 焊枪。

弧焊机器人用的焊枪大部分和手工焊的鹅颈式焊枪基本相同。鹅颈式焊枪的弯曲角一般都小于45°,可以根据焊件的特点选用不同角度的鹅颈,以改善焊枪的可达性。如鹅颈角度选得过大,会增加送丝阻力,使送丝速度不稳,而角度过小,则导电嘴稍有磨损,就会出现导电不良现象。应该注意,更换不同的焊枪之后,必须对机器人的工具中心点(TCP)进行相应的调整,否则焊枪的运动轨迹和姿态都会发生变化,焊接程序也应该重新调整。

(4) 防碰撞传感器。

对于弧焊机器人工作站,除了选好焊枪外,还必须在机器人的焊枪把持架上配备防碰撞传感器。防碰撞传感器的作用是,在机器人运动时,万一焊枪撞上障碍物,能马上使机器人停止运动,避免损坏焊枪或机器人。当发生碰撞时,一定要检查焊枪是否被碰歪,否则由于TCP的变化,焊接路径将发生较大变化,从而焊出废品。有的机器人在第6轴装有电流反馈的防碰撞装置,如日本发那科机器人,机器人碰到障碍物后,码盘电流将增大,机器人发出信号,电动机反转,从而可减小焊枪被撞力量。

(5) 变位机。

焊接变位机是焊接辅助机械中应用面较广的一种设备(见图6-30),它可以通过自身的回转及翻转机构,使固定在工作台面上的焊件做无级旋转和135°的翻转运动,使焊缝经常处于最佳的水平及船型焊位置。变位机的种类也比较多,目前主要的变位机构有滑轨、龙门机架、旋转工作台(一轴)、旋转+翻转变位机(两轴)、翻转变位机(三轴)、复合变位机,其两轴均采用伺服电机驱动,焊接夹具实现翻转的同时,也能实现±180°水平回转,这使得机器人的作业范围和与夹具的相互协调能力大大增强,机器人焊接姿态准确度和焊缝质量有很大提高。这类变位机适合小型焊接工作站,常用于小工件的焊接,如消声器的尾管、油箱等工件焊接。

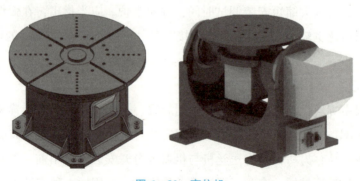

图6-30 变位机

(三) 弧焊机器人应用实例

汽车前桥焊接机器人工作站是一个以弧焊机器人为中心的综合性强、集成度高、多设备协同运动的焊接工作单元，工作站的设计需要结合用户需求，分析焊接工件的材料、结构及焊接工艺要求，规划出合理的方案。在制作总体方案之前，首先应考虑以下三方面的问题。

（1）焊接夹具具体尺寸的估算。根据汽车前桥的结构特点和焊接工艺，分析工件的定位夹紧方案并留有一定余地，估算出焊接夹具的外形及大小。

（2）确定变位机的基本形式。焊接夹具应当能够变换位置，使工件各处的焊缝可以适应机器人可能的焊枪姿态；另外，为充分发挥机器人的工作能力，缩短焊接节拍，要把工件的装卸时间尽量和机器人工作时间重合起来，最好采用两套变位机，变位机采用翻转变位机形式。

（3）设备选型。按承载能力、作业范围及工件材料焊接特点等，选定机器人和焊机的型号。

工作站的整体结构

根据经济性原则以及合理布局（有效利用厂房现有的布局空间）、科学生产（人员少、产量高且工人劳动强度低）、生产效率高、安全生产（避免焊枪与周边设备发生干涉）等原则，汽车前桥焊接工作站的整体布局如图6-31所示。

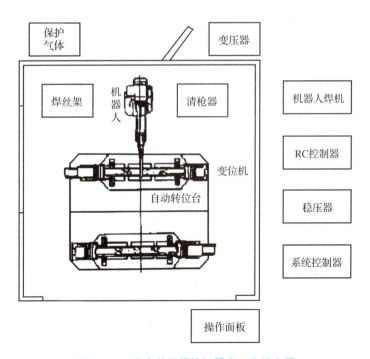

图6-31 汽车前桥焊接机器人工作站布局

汽车前桥焊接机器人工作站的组成包括机器人系统、AC伺服双轴变位机、自动转位台、焊接夹具、工作站系统控制器、焊机、焊接辅助设备等。其中，弧焊机器人采用日本安川MA1400型机器人，焊机采用配套的RD500机器人专用焊机。该机器人采用扁平型交流伺服电机，其结构紧凑、响应快、效率高；带有防碰撞系统，可以检测出示教、自动模式下机器人与周边设备之间的碰撞。机器人焊枪姿态变化时，焊接电缆弯曲小，送丝平稳，能够连续稳定工作。RD350型焊机采用100 kHz高速逆变器控制，通过DSP控制电流、电压以及对送丝装置伺服电机的全数字控制。自动转位台采用双工位双轴变位机，工作时机器人固定不动，由系统控制器控制自动转位台的转动及变位机的变位，机器人根据系统控制器发出的指令依次对前桥几个焊接面进行焊接。

6.3.4 喷涂机器人系统的组成及应用

喷涂机器人又称为喷漆机器人，是可进行自动喷漆或喷涂其他涂料的工业机器人。由于喷涂工序中雾状涂料对人体的危害很大，并且喷涂环境中照明、通风等条件都不好，因此在喷涂作业领域中大量使用了机器人。使用喷涂机器人，不仅可以改善劳动条件，而且还可以提高产品的产量和质量、降低成本。与其他工业机器人相比较，喷涂机器人在使用环境和动作要求方面有如下特点：

（1）工作环境包含易燃、易爆的喷涂剂蒸气。
（2）沿轨迹高速运动，轨迹上各点均为作业点。
（3）多数被喷涂件都搭载在传送带上，边移动边喷涂。

因此，对喷涂机器人有如下的要求：

（1）机器人的运动链要有足够的灵活性，以适应喷枪对工件表面的不同姿态的要求。多关节型运动链最为常用，它有五至六个自由度。
（2）要求速度均匀，特别是在轨迹拐角处误差要小，以避免喷涂层不均匀。
（3）控制方式通常为手动示教方式，示教最能保证喷涂均匀不留死角。
（4）一般均用连续轨迹控制方式。
（5）要有防爆机构，使电气元件的火花不会接触到工作环境中掺和有喷涂剂蒸气的空气。
（6）喷涂机器人一定要接地，喷涂机器人一定要套有喷涂机器人防护服。

（一）喷涂机器人系统的基本组成

喷涂机器人是利用静电喷涂原理来工作的。工作时静电喷枪部分接负极，工件接正极并接地，在高压静电发生器高电压作用下，喷枪的端部与工件之间形成一静电场。涂料微粒通过枪口的极针时因接触带电，经过电离区时再一次增加其表面电荷密度，向异极性的工件表面运动,并被沉积在工件表面上形成均匀的涂膜。典型的喷涂机器人工作站一般由喷涂机器人、喷涂工作台、喷房、过滤送风系统、安全保护系统等组成。图6-32所示为一喷涂机器人工作站。喷涂机器人一般由机器人本体、喷涂控制系统、雾化喷涂系统三部分组成,如图6-33所示。喷涂控制系统包含机器人控制柜和喷涂控制柜。雾化喷涂系统包含换色阀、流量控制器、雾化器、喷枪、涂料调压阀等,其中调压阀主要是实现喷枪的流量和扇幅调整,换色阀可以实现不同颜色的喷涂以及喷涂完成后利用水性漆清洗剂进行喷枪和管路的清洗。

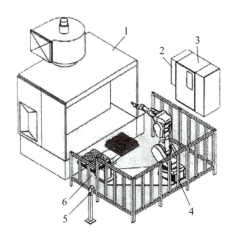

图6-32 喷涂机器人工作站

1—喷房;2—配气盘;3—机器人控制柜;
4—安全围栏;5—示教器;6—变位机

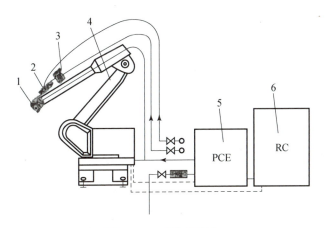

图6-33 喷涂机器人

1—自动混气喷枪;2—换色阀;3—涂料调压阀;
4—机器人本体;5—喷涂控制柜;6—机器人控制柜

1. 喷涂机器人的基本性能

喷涂机器人主要有液压喷涂机器人和电动喷涂机器人两类。采用液压驱动方式，主要是从安全的角度着想。随着交流伺服电动机的应用和高速伺服技术的进步，喷涂机器人已采用电驱动。为确保安全，无论何种类型的喷涂机器人都要求有防爆机构。喷涂机器人一般为六自由度多关节型，其手腕多为3R结构。示教有两种方式：直接示教和远距离示教。远距离示教系统具有较强的软件功能，可以在直线移动的同时保持喷枪头姿态不变，改变喷枪的方向而不影响目标点。还有一种所谓的跟踪再现动作，只允许在传送带保持静止状态时示教，再现时则靠实时坐标变换连续跟踪移动的传送带进行作业。这样，即使传送带的速度发生变化，也能保持喷枪与工件的距离和姿态一定，从而保证喷涂质量。

2. 换色阀系统结构与工作原理

喷涂机器人换色主要通过换色阀组来实现。换色阀（Color Change Value，CCV）系统主要安装在机器人大臂内，比较靠近机器人雾化器。换色阀组是由一个个换色块集成的，每一个换色块可以转换两种颜色，可根据需要增减换色块数目，每种颜色的涂料通过单独的供漆管路连接到换色块上。

3. 静电喷枪

静电喷枪是现代化工业喷涂设备的基础产品。在涂装工艺流水线里，静电喷枪就是担任表面处理最核心设备的主体，它通过用低压高雾化装置以及静电发生器产生静电电场力，高效、快速地将涂料喷涂至被涂物的表面，使被涂物得到完美的表面处理，故它既是涂料雾化器又是静电电极发生器。

喷枪按其用途可分为手提式喷枪、固定式自动喷枪、圆盘式喷枪等；按带电形式分为内带电枪和外带电枪；按其扩散机构形式可分为冲突式枪、反弹式枪、二次进风式枪、离心旋杯式枪等。

（二）喷涂机器人的应用实例

中国一拖集团有限公司在对国内汽车和农机行业底盘涂装技术调研基础上，从涂装工艺、设备、质量控制等方面进行了专项研究与生产测试，对原涂装工艺进行了全面改进和提升，采用2C2B（2次涂装，2次烘烤）整体底盘涂装工艺，研制开发了大型拖拉机底盘机器人自动喷涂集成系统。该工作站主要由喷涂机器人及其控制系统、集中供漆混气喷涂系统、集中供漆循环系统、喷涂室、积放链机运系统、工件识别控制系统等组成。系统布局如图6-34所示。

该系统包括四台FANUC喷涂机器人P-250iA/15、四个机器人控制柜（RC）、四个喷涂控制柜（PCE）、一个系统控制柜（SCC）、两个接近开关、一个安全门开关、一对安全检测光电管、一个手动输入装置等，如图6-35所示。

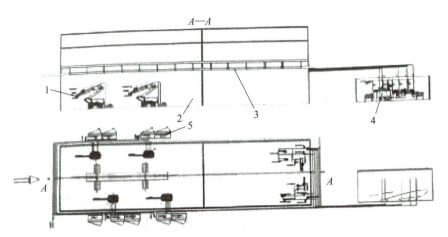

图6-34 大型拖拉机底盘机器人自动喷涂系统

1—机器人；2—喷涂室；3—积放链机运系统；4—集中供漆混气喷涂系统；5—控制系统

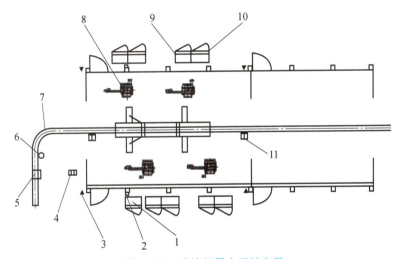

图6-35 喷涂机器人系统布局

1—系统控制柜；2—安全门开关；3—安全检测光电管；4—手动输入装置；5—RFID读写器；
6—旋转编码器；7—积放链；8—喷涂机器人；9—机器人控制柜；10—喷涂控制柜

第 7 章

工业机器人应用安全和安装/维护常用工具

7.1 安全准备工作

7.1.1 了解工业机器人系统中存在的安全风险

工业机器人是一种自动化程度较高的智能装备。在操作工业机器人前,操作人员需要先了解工业机器人操作或运行过程中可能存在的各种安全风险,并能够控制住安全风险发生的可能以及发生事故造成的损失程度,需要关注的安全风险主要包括以下几个方面。

1. 工业机器人系统非电压相关的安全风险

工业机器人系统非电压相关的安全风险包括以下几项。

(1) 工业机器人的工作空间前方必须设置安全区域,防止他人擅自进入,可以配备安全光栅或感应装置作为配套装置。

(2) 如果工业机器人采用空中安装、悬挂或其他并非直接坐落于地面的安装方式,可能会比直接坐落于地面的安装方式存在更多的安全风险。

(3) 在释放制动闸时,工业机器人的关节轴会受到重力影响而坠落。除了可能受到运动的工业机器人部件撞击外,还可能受到平行手臂的挤压(如有此部件)。

(4) 在拆卸/组装机械单元时,严格按照工业机器人的安装拆卸操作手册来完成。

(5) 注意运行中或运行结束的工业机器人及控制器中存在的热能。在实际触摸之前,务必先用手在一定距离感受可能会变热的组件是否有热辐射。如果要拆卸可能会变热的组件,请等到它冷却后,或者采用其他方式进行预处理。

(6) 切勿将工业机器人当作梯子使用,这可能会损坏工业机器人,由于工业机器人的电动机可能会产生高温,或工业机器人可能会发生漏油现象,所以攀爬工业机器人会存在严重的跌落风险。

2. 工业机器人系统电压相关的安全风险

工业机器人系统电压相关的安全风险包括以下几项。

（1）尽管有时需要在通电情况下进行故障排除，但是在维修故障、断开或连接各单元时必须关闭工业机器人系统的主电源开关。

（2）工业机器人主电源的连接方式必须保证操作人员可以在工业机器人的工作空间之外关闭整个工业机器人系统。

（3）在系统操作时，确保没有其他人可以打开工业机器人系统的电源。

（4）注意控制器的以下部件有高电压危险。

①控制器的直流链路、超级电容器设备。注意控制器直流链路、超级电容器设备存有电能。

②I/O设备。I/O模块之类的设备可由外部电源供电。

③主电源开关。

④变压器。

⑤电源单元。

⑥控制电源（230 V AC）。

⑦整流器单元（262/400～480 V AC 和 400/700 V DC）。

⑧驱动单元（400/700 V DC）。

⑨驱动系统电源（230 V AC）。

⑩维修插座（115/230 V AC）。

⑪用户电源（230 V AC）。

⑫机械加工过程中的额外工具电源单元或特殊电源单元。

⑬即使已断开工业机器人与主电源的连接，控制器连接的外部电压仍存在。

⑭附加连接。

（5）注意工业机器人以下部件伴有高电压危险：

①电动机电源（高达 800 V DC）。

②末端执行器或系统中其他部件的用户连接（最高 230 V AC）。

（6）需要注意末端执行器、物料搬运装置等的带电风险。

请注意，即使工业机器人系统处于关机状态，末端执行器、物料搬运装置等也可能是带电的。在工业机器人工作过程中，处于运行状态的电缆可能会出现破损。

7.1.2　工业机器人操作与运维前的安全准备工作

任何负责安装、维护、操作工业机器人的人员务必阅读并遵循以下通用安全操作规范。

（1）只有熟悉工业机器人并且经过工业机器人安装、维护、操作方面培训的人员才允许安装、维护、操作工业机器人。

(2)安装、维护、操作工业机器人的人员在饮酒、服用药品或兴奋药物后,不得安装、维护、使用工业机器人。

(3)安装、维护、操作工业机器人的人员必须有意识地对自身安全进行保护,必须主动穿戴安全帽、安全作业服、安全防护鞋。

(4)在安装、维护工业机器人时必须使用符合安装、维护要求的专用工具,安装、维护工业机器人的人员必须严格按照安装、维护手册或安全操作指导书中的步骤进行安装和维护。

安全准备工作任务操作表如表7-1所示。

表7-1 安全准备工作任务操作表

序号	操作要求
1	熟悉安全生产规章制度
2	正确穿戴工业机器人安全作业服,防止当零部件掉落时砸伤操作人员
3	正确穿戴工业机器人安全帽,防止工业机器人系统零部件的尖角或在操作工业机器人末端执行器时划伤操作人员

7.2 安全标识

7.2.1 识读工业机器人安全标识

在从事与工业机器人操作相关的作业时,一定注意相关的警告标识,并严格按照相关标识的指示执行操作,以此确保操作人员和工业机器人本体的安全,并逐步提高操作人员的安全防范意识和生产效率。

常用的工业机器人安全标识有"注意安全""当心弧光""禁止放易燃物""必须戴安全帽""必须穿防护鞋"等安全标识。

7.2.2 工业机器人安全操作要求

工业机器人在工作时其工作空间都是危险场,稍有不慎就有可能发生事故。因此,相关操作人员必须熟知工业机器人安全操作要求,从事安装、操作、保养等操作的相关人员,必须遵守运行期间安全第一的原则。操作人员在使用工业机器人时需要注意以下事项。

(1)避免在工业机器人的工作场所周围做出危险行为,接触工业机器人或周边机械有可能造成人身伤害。

（2）为了确保安全，在工厂内请严格遵守"严禁烟火""高电压""危险""无关人员禁止入内"等标识的提示。

（3）不要强制搬动、悬吊、骑坐在工业机器人上，以免造成人身伤害或者设备损坏。

（4）绝对不要依靠在工业机器人或者其他控制器上，不要随意按动开关或者按钮，否则工业机器人会发生意想不到的动作，造成人身伤害或者设备损坏。

（5）当工业机器人处于通电状态时，禁止未受培训的操作人员触摸工业机器人控制柜和示教器，否则工业机器人会发生意想不到的动作，造成人身伤害或者设备损坏。

7.2.3　工业机器人本体的安全对策

工业机器人本体的安全对策包括以下几项。

（1）工业机器人的设计应去除不必要的凸起或锐利的部分，采用适应作业环境的材料，以及在工作中不易发生损坏或事故的安全防护结构。此外，应在工业机器人的使用过程中配备错误动作检测停止功能和紧急停功能，以及当外围设备发生异常时防止工业机器人造成危险的连锁功能等，保证操作人员安全作业。

（2）工业机器人主体为多关节的机械臂结构，在工作过程中各关节角度不断变化。当进行示教等作业，必须接近工业机器人时，请注意不要被关节部位夹住。各关节动作端设有机械挡块，操作人员被夹住的可能性很高，尤其需要注意。此外，若解除制动器，机械臂可能会因自身重量而掉落或朝不定方乱动。因此必须实施防止掉落的措施，并确认周围环境安全后，再行作业。

（3）在末端执行器及机械臂上安装附带机器时，螺栓应严格按照本书规定的尺寸和数量，再使用扭矩扳手按规定扭矩进行紧固。此外，不得使用生锈或有污垢的螺钉。规定外的和不完善的紧固螺钉的方法可能会使钉出现松动，从而导致重大事故的发生。

（4）在设计、制作末端执行器时，应将末端执行器的质量控制在工业机器人腕部的负荷容许范围内。

（5）应采用安全防护结构，即使当末端执行器的电源或压缩空气的供应被切断时，也不会发生末端执行器抓取的物体被放开或飞出的事故，并对工业机器人边角部位或突出部位进行处理，防止对人造成伤害或对物造成损坏。

（6）严禁向工业机器人供应规格外的供电电压、压缩空气气压、焊接冷却水，这些会影响工业机器人的动作性能，引起异常动作、故障或损坏等。

7.3 常用工具的认识

7.3.1 机械拆装工具

1. 内六角扳手

工业机器人系统需要大量使用内六角圆柱头螺钉、六角半沉头螺钉进行安装固定,因此需要内六角扳手工具。内六角扳手规格有(单位 mm):1.5、2、2.5、3、4、5、6、8、10、12、14、17、19、22、27,内六角扳手实物图如图 7-1 所示。

2. 固定扳手

固定扳手简称呆扳手,其开口宽度可在一定范围内进行调节,是一种用于紧固和起松不同规格螺母和螺栓的工具,如图 7-2 所示。

3. 螺丝刀

螺丝刀是一种用于拧转螺钉使其就位的工具,通常有一个薄楔形或十字形头,可插入螺钉头部的槽缝或凹口内。螺丝刀在拧转钉时利用了轮轴的工作原理,轮轴越大越省力,所以与细把的螺丝刀相比,使用粗把的螺丝刀拧螺钉更省力。螺丝刀主要包括一字螺丝刀和十字螺丝刀两种类型,如图 7-3 所示。

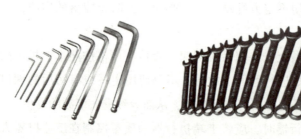

图 7-1 内六角扳手　　　　图 7-2 固定扳手

4. 扭矩扳手

扭矩扳手是一种带有扭矩测量机构的拧紧测量工具,它用于紧固螺栓和螺母,并能够测量出拧紧时的扭矩值。扭矩扳手的精度分 7 个等级,分别为 1 级、2 级、3 级、4 级、5 级、6 级、7 级,等级越高精度越低。表盘式扭矩扳手如图 7-4 所示。

使用扭矩扳手时的注意事项如下:

(1) 根据工件所需的扭矩值要求,确定预设扭矩值。

(2) 在设置预设扭矩值时,将扭矩扳手手柄上的锁定环下拉,同时转动手柄,调节标尺主刻度线和微分刻度线数值至所需矩值。调节好后,松开锁定环,手柄自动锁定。

图 7-3　螺丝刀　　　　　　　图 7-4　表盘式扭矩扳手

（3）在扭矩扳手方榫上安装相应规格的筒，并套住紧固件，再慢慢施加外力。加外力的方向必须与标明的箭头方向一致。拧紧时当听到"咔嗒"的一声（已达到预设扭矩值）时，停止施加外力。强度螺栓不应一次扭到所规定的力矩，而应该至少分两步或者三步来扭到所规定的力矩。

（4）在使用大规格扭矩扳手时，可外加接长套杆以便节省操作人员的力气。

（5）扭矩扳手若长期不用，需调节其标尺刻度线至扭矩最小数值处。

7.3.2　常用机械测量工具

常用的机械测量工具有卡尺、千分尺、框式水平仪等。

1. 卡尺

卡尺一般用于测量外径、内径和深度。卡尺主要有游标卡尺、带标卡尺、数显卡尺等。游标卡尺示意图如图 7-5 所示。

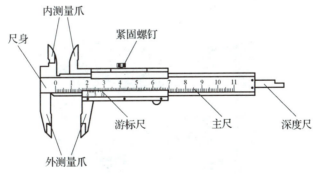

图 7-5　游标卡尺示意图

下面以 10 分度游标卡尺为例，说明游标卡尺的读数原理。

游标尺上两个相邻刻度之间的距离为 0.9 mm，比主尺上两个相邻刻度之间的距离小 0.1 mm。读数时先从主尺上读出厘米数和毫米数，然后用游标尺读出 0.1 mm 位的数值，游标尺的第几条刻度线跟主尺上某一条刻度线对齐，0.1 mm 位就读零点几毫米。游标卡尺的读数精确到 0.1 mm。

2. 千分尺

千分尺又称为螺旋测微器、螺旋测微仪、分厘卡，是比游标卡尺更精密的测量长度的工具，用它测量长度可以精确到 0.001 mm。千分尺示意图如图 7-6 所示。

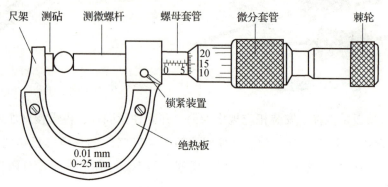

图 7-6 千分尺示意图

千分尺的测量原理：精密螺纹的螺距为 0.5 mm，旋钮旋转一周，测微螺杆就前进或后退 0.5 mm；可动微分套筒上的刻度等分为 50 份，每一小格表示 0.01 mm，另可估读 1 位。

3. 框式水平仪

框式水平仪是一种利用液面水平原理，通过水准泡直接显示角位移，测量被测表面相对水平位置、垂直位置、倾斜位置偏离程度的测量工具。主要用于设备安装基础的水平度检测，以及设备安装完后通过检查设备的导轨或者工作台的水平度。框式水平仪实物图如图 7-7 所示。

框式水平仪的测量精度常见有 0.2/300、0.5/200 等。

图 7-7 框式水平仪

7.3.3 常用电气测量工具

常用电气测量工具有试电笔、数字万用表等。

1. 试电笔

试电笔也叫测电笔,简称电笔,是一种常用电工工具,用于测试导线中是否带电。试电笔的笔体中有一个氖泡,测试时如果氖泡发光,表明该导线有电或该导线为通路的火线。试电笔只能检测低压电路是否带电。绝对不能检测高压(交流 1 000 V,直流 1 500 V)的电路。

试电笔实物图如图 7-8 所示。

2. 数字万用表

数字万用表可用于测量直流电压、交流电压、直流电流、交流电流、电阻、电容、频率、电池、二极管等。数字万用表实物图如图 7-9 所示。

图 7-8 试电笔

图 7-9 数字万用表